走向平衡系列丛书

小城镇更新的枫桥经验

# 情理 之间

莫洲瑾 董丹申 曹震宇 著

中国建筑工业出版社

『情』是理想、情怀、诗意、乡愁。

『理』是现实、思考、践行、责任。

情理之间既有交织的迷惘，也充满调和的快乐。

在枫桥，建筑师们始终在探寻其中的平衡之道。

# 序一

　　建筑和城市的关系并不是一个新的课题，特别是两者的设计之间，在起源、内容、方法和物理性的关联等问题上始终是既交叉又可能分离的。近现代以来，因为日益复杂和综合的城市问题，诞生了旨在协调分配资源和空间的城市规划学科领域，从实践方面看，建筑学和城市规划常常被作为两个专业而无法真正融合。

　　二十世纪八十年代末，"城镇建筑学"与"广义建筑学"概念的提出以及之后所进行的一系列实践发展，就是希望能从观念和理论基础上把建筑、景观和城市规划等诸多和空间环境相关学科的精髓融合起来。我们常常讲，城市设计关注中观和微观层面的城镇建筑及环境建设，是一种多专业融合的学科。在城市设计的思路指引下，建筑创作离不开城市的背景，建筑不应该是独立的，而是"承上启下"和"兼顾左右"的；而城市规划也应多关注建设品质和适宜的人居环境，要与建筑创作相结合。

　　近些年来，随着中国城镇化进程在广度和深度上的不断拓展，建筑活动的内容和方式也发生了很多改变。一是目标的改变，从关注物质环境的改善到更加关注人的体验和情感；二是内容的改变，研究所涵盖的范围越来越广，例如浙江省的特色小镇建设、小城镇环境综合治理等，从城市发展、民生改善、社会经济、生态文明、可持续建设等宏观问题到项目策划、投融资、IP搭建、后期运营等落地操作层面的问题都需要在设计阶段进行整体性的考虑；三是技术方法的改变，更强调多专业的融合度，单一专业已经无法解决这一类综合性的发展问题；四是实施机制的改变，从"自上而下"的政府推动到在政府引导下多元主体共同缔造的方式推进。面对这样的转变，建筑师被赋予了全新的责任和期望直接面对这些城市的各种问题，同时也看到了建筑与城市的关系在新型城镇化背景下正迅速地融合。

这本书记载了在这样一个新的时代背景下，年轻建筑师们面对小城镇更新这样一个复杂对象所做的思考和实践。区别于常规宏观叙事类的理论书籍，该书以枫桥古镇为实践案例，以一种实景纪录片式的表达方式和轻松有趣的语言文字真实再现了该项目在长期实践过程中遇到的点点滴滴，并在此基础上采用"以小见大"和"自下而上"的方式进行了较为系统性的理论总结。书中提到了"枫桥经验"社会治理思想在设计方法和实施机制上的创新应用，以及小城镇复杂性的七个维度理论，思考了建筑专业在新时期内涵和外延上的扩展以及与城市规划及其他相关学科的融合，都具有一定的理论创新意义。

"实践是检验真理的唯一标准"，我们常常在理论层面讨论城市设计的诸多目标、对象、方法、机制等问题，都在这个项目的具体实践中得到或多或少的验证。他们认真且落地的实践也给我们提供了一手的资料，了解了在新的时代背景下，小城镇发展的内在需求和外在影响要素；同时也可以看到针对不同的具体对象和问题，所采取的因地制宜且行之有效的方法。

"情理之间"既是一种困惑，也是一种态度。我十分欣赏浙江大学的年轻建筑师们能走出办公室，在田间地头、在工地现场，参与大量调研、调解和驻场设计工作，转换自身的角色，了解群众的真实需求，形成多元主体参与的工作机制。同时他们创新运用了多维的设计方法，并建立起与设计对象之间的情感关联。由此，设计工作才得以真正回归建造初心，回归为具体的人去创造美好的环境和生活。希望广大读者喜欢这本书，也相信这本书一定能够给广大读者带来有益的启迪。

二〇二〇年五月二十日于东南大学

# 序二

　　江浙一带，以"枫桥"为名，并广为人知的古镇有两处：一处在江苏苏州，因唐代张继的《枫桥夜泊》一诗而闻名；另一处在浙江绍兴诸暨，1963年，毛泽东同志亲笔批示了"要各地仿效，经过试点，推广去做"的"枫桥经验"。本书的主角正是后者。

　　与诸暨枫桥结缘，始于二〇一五年的国庆期间。假日里，接到了诸暨市规划局的电话，问我是否可以为枫桥古镇的更新利用出谋划策。深入聊下去，发现这个项目与近年来常见的小城镇环境综合整治工程全然不同，是希望通过设计的介入，使得枫桥，这个始于隋朝，有着悠长历史，而今却冷清没落的古镇能够实现复兴，焕发生机。国庆后，浙江大学建筑设计研究院和浙江大学建筑设计及其理论研究所迅速组成了联合团队，但没有急于投入设计，而是编制了一份题为《诸暨市枫桥镇"现代古镇"发展策划方案》的研究报告。这份报告里并没有过多的设计内容，而是着力去解决一个最根本的问题：做什么？后来的事实证明，在解决"怎么做"这样更技术的问题之前，明确"做什么？"会让建设方和设计方之间更快达成共识、确定目标、建立信心，对于古镇更新这类没有清晰界定的设计任务而言，尤为重要。

　　真正深入古镇的街头巷尾和民居院落之间，是来年的三、四月间。那一学期，我将古镇青年街沿街传统民居的整治修缮和更新利用作为专题化设计课程的题目。从测绘开始，包括与住户沟通、核对公房资料，学生们抽丝剥茧、细致入微地去了解每栋建筑，这些工作为后来的设计打下了扎实的基础。整整一个学期，工程设计与课程教学一直处于并行的状态，两个团队一周至少碰面两次，共享资料、分享思路，设计师的工程经验与学生们的跳脱想法互相激发。与其他类似项目比较，枫桥古镇的设计工作在初始阶段显得有点

"慢"，除却一些复杂的客观原因，我们也想在真正做之前把方方面面的问题考虑得尽可能透彻。现在看来，正是一开始的慢和谨慎磨合出了一种适宜的工作机制和方式，有效地解决了以后过程中所遇到的形形色色的问题。

此后，种种因缘际会，两三年间竟一直没有机会再回到古镇现场，只是一次次在方案讨论的图纸、施工现场的照片、设计人员的口述乃至微信朋友圈里与枫桥保持着联系。第三次来到枫桥，是支部组织活动，参观"枫桥经验展示馆"。其时已是二〇一九年的春夏之交，孝义路、青年街、新街、和平路、古镇南入口等一系列项目已竣工。从展示馆出来，跨过"新"枫桥，一行人漫步在青年街上，一位参与青年街更新设计的老师很自然地将头探进了沿街打开的一扇窗户，与里边的住户熟稔地打了个招呼。那家人正在吃午饭，热情地邀请我们坐下来一起吃，只是因我们人太多，只得遗憾作罢。完成更新改造，能与住户保持良好的关系，甚至成为朋友，这也是枫桥项目的几大收获之一。事实上，设计中不要一厢情愿、自以为是地给予，而是设身处地、转换立场地考虑，是在这个项目中我们一直希望秉持和坚守的一个原则。

最后想说的是，这本书不是工程设计作品集，也不是理论研究论文集，而更像是一本工程日记汇总，里面记录的大多是真实发生在古镇更新过程中的点滴故事。在项目进行的五年多时间里，我们越来越清晰地认识到，枫桥古镇不是一个设计作品，而是建设方、设计师、施工队、使用者多方共谋下的产物，在这个共谋的过程中，设计师平时经常挂在嘴边的诸如形式、空间、建构这样的专业词汇多少有些显得苍白无力，而生活中的日常百事才是真正的关注焦点和设计起点。

这是一个没有终点的项目，枫桥古镇复兴才刚刚开始。

徐雷

二〇二〇年五月十五日于浙江大学

# 前言

这几年我国的城镇化水平不断提高,开始面临着城镇化下各阶段如何选择主要发展方向的重大问题。长期以来,在重点发展大城市的战略下,各大城市间的竞争日趋激烈,土地和人口成了重要的竞争资源,大城市规模不断扩大,数量不断增加,资源集聚不断提升。而小城镇作为我国城市体系的组成部分之一长期处于边缘地位,一方面被大城市文明所影响,资源被虹吸,发展受限制;一方面农村人口不断涌入,不平衡的城市体系使得小城镇"大城市病"和"农村病"长期并存。但小城镇的地位不容置疑,一方面"向上看",小城镇作为大城市群的重要组成部分,起到了大城市之间物理空白区域的重要"织补"作用;另一方面"向下看",小城镇作为承载农村人口城镇化的桥头堡,数量多,面积广,对全域深入高质量社会经济发展、普惠人民发展成果、享受优质公共服务,任重而道远。大小城市发展不平衡已经成为中国新型城镇化进入新时期亟待解决的重要问题,同时也是小城镇发展面临的历史机遇。

浙江省小城镇众多,近几年来,基于自身的发展阶段,进行了大量模式、理论、制度方面的创新实践,逐步走出了一条既符合时代特征又凸显浙江特色的新型城镇化发展道路。例如二〇一五年开始的特色小镇,在小空间里实现"生产、生活、生态"的"三生融合"、"产城人文"的"四位一体";浙江的"美丽乡村",孕育了"绿水青山"和"金山银山"的关系;在二〇一八年开始的"美丽城镇"提出新"五美"要求,即功能便民环境美、共享乐民生活美、兴业富民产业美、魅力亲民人文美和善治为民治理美;近期火热的"未来社区",又将发展目标描述为"邻里、教育、健康、创业、建筑、交通、低碳、服务、治理"九大场景。这些实践的共同特点都是从开始粗放型发展转向精细化发展、从单一目标转向复合评价、从自上而下转向共同缔造、从宏大叙事转向以人为本、从物质文明转向生态文明，开始指向社会、环境、人三者高质量发展的深度融合要求，其所包含内容的复杂性也日趋明显。

近几年，笔者所在的浙江大学建筑设计研究院小城镇研究中心也参与了大量的小城镇项目。由于小城镇项目具有目标复合、主体多元、对象琐碎等特殊性，从发展目标、项目策划、建设计划、各专项设计、施工服务到招商运营的全过程参与，其间有大量的沟通和协调工作，这种从宏观策划到微观落地的一体化技术要求，在传统的规划和设计体系里我们很难找到适合这类对象的设计方法，最困难的是无法找到与之匹配的工作模式和组织机制。

"枫桥"不仅有着千年的历史和文化，更有着毛主席亲自批示、习总书记多次强调而闻名全国的社会基层治理思想——"枫桥经验"。我们非常有幸从"枫桥经验"这样一个社会治理经验理论中得到了很多启示，在"枫桥古镇更新"项目中充分运用和实践，在决策过程、公众参与、多元主体平台、协调沟通等方面建立起适宜小城镇更新类项目的"自下而上"的工作机制，从而保障了整个更新过程的顺利推进，也取得了不错的成果，二〇一九年初经过更新后的枫桥镇被列入中国历史文化名镇名村名录。

本书从一群设计师的视角出发，以一个具体的项目为对象，或阐述设计思考，或记录亲历故事，虽文字略显稚嫩，却均为真情实感，闲言碎语中包含了五年来的酸甜苦辣。文中既有学术之思辨，又有实践之总结，从设计师和亲历者的角度回答了小城镇更新这样一个极具时代性和复杂性的命题。

二〇二〇年五月十日于杭州海创园

# 目录

识·遇见枫桥

# 遇见枫桥

初识枫桥于二〇一五年秋。

时逢国庆，在诸暨市规划局陈迪副局长的办公室里，我们第一次谈起枫桥。枫桥的整治更新其实每年都以碎片化的方式在开展，但由于没有系统性的发展思路和体系化的更新机制，这些"零敲碎打"始终无法从根源上带动枫桥的复兴。恰逢其时，诸暨市政府接到了筹备二〇一八年"枫桥经验55周年纪念大会"的任务，希望借此机会真正为枫桥的发展做些事，但究竟做哪些事还是未知数。几日后，我们见到了时任枫桥镇副镇长柴锦。在巷子里的饮品小店，这位黝黑朴实的镇长与我们一一细数了枫桥的过往和近年的发展瓶颈。之后镇政府的工作人员多次领着我们深入小镇调研，我们从此与枫桥结了缘。

枫桥镇，是位于浙江诸暨的一座千年古镇，钟林毓秀、人文荟萃，镇域面积一百六十六平方公里。这里自然环境秀美，群山巍峨，枫溪江畔风光旖旎，素有"有山皆绿，无水不清"之誉。枫桥的历史可追溯至夏代，帝少康庶子无余乃大禹后裔，建国於越，商周时期於越王室"披草莱而邑"，设都城于大部，即现枫桥所在之地，枫桥至今仍有大部弄、大部乡等地名。据《竹书记年》记载，周成王二十四年，於越始派使者朝觐，遂有"於越来宾"之说。秦始皇东巡经诸暨，曾于会稽山刻石记功，然时过境迁，碑石已无存。相传东晋南朝因溪岸枫树成林，故名"枫溪"，其渡口称"枫溪渡"，隋时行军总管杨素于此处建桥梁置驿站称"枫桥驿"，枫桥也由此得名。[①]

①陈炳荣.枫桥史志[M].北京：
方志出版社，1998.10.

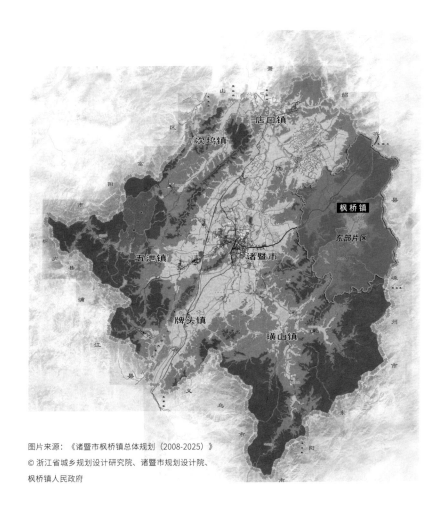

枫桥镇在浙江省的区位

枫桥镇地处浙江省诸暨市东北部，绍兴兰亭西南方向，距诸暨市中心二十公里，距绍兴市中心二十八公里，绍大线、诸嵊线穿境而过。

图片来源：《诸暨市枫桥镇总体规划（2008-2025）》
© 浙江省城乡规划设计研究院、诸暨市规划设计院、枫桥镇人民政府

至山下湖

枫桥镇政府

陈洪绶纪念馆

学勉中学

枫桥
古镇

小天竺

东化寺塔

枫桥学院

至诸暨

王冕故里

至诸暨

图片来源：《诸暨市枫桥镇总体规划（2008-2025）》© 浙江省城乡规划设计研究院、诸暨市规划设计院、枫桥镇人民政府

枫桥古镇的核心部分总面积约十一点五公顷，是枫桥镇现存历史建筑最多、保存最为完好的部分。绍大线穿枫桥镇而过，南至诸暨，北至绍兴、兰亭。枫桥镇境内风景名胜古迹众多，有被列入《中国名胜词典》风光旖旎的小天竺，有建于宋朝的东化城寺塔，有原基于枫溪江溪间平陆而造的神奇建筑枫桥大庙，还有位于陈家村长道地的陈洪绶纪念馆（光裕堂）、王冕隐居地（九里山白云庵、梅花屋）、杨维桢故里、鲚鲤尖、隔弓尖、中国香榧森林公园、芝坞山、走马岗、枫水名贤坊等。

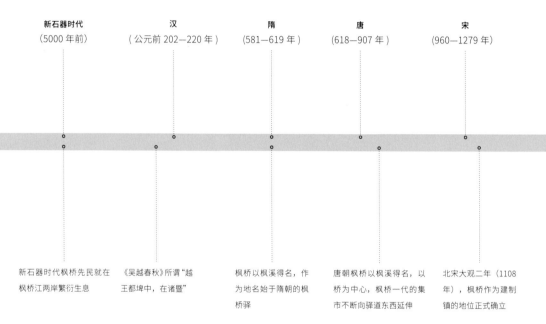

| 新石器时代<br>(5000 年前) | 汉<br>（公元前 202—220 年） | 隋<br>(581—619 年) | 唐<br>(618—907 年) | 宋<br>(960—1279 年) |
|---|---|---|---|---|
| 新石器时代枫桥先民就在枫桥江两岸繁衍生息 | 《吴越春秋》所谓"越王都埠中，在诸暨" | 枫桥以枫溪得名，作为地名始于隋朝的枫桥驿 | 唐朝枫桥以枫溪得名，以桥为中心，枫桥一代的集市不断向驿道东西延伸 | 北宋大观二年（1108年），枫桥作为建制镇的地位正式确立 |

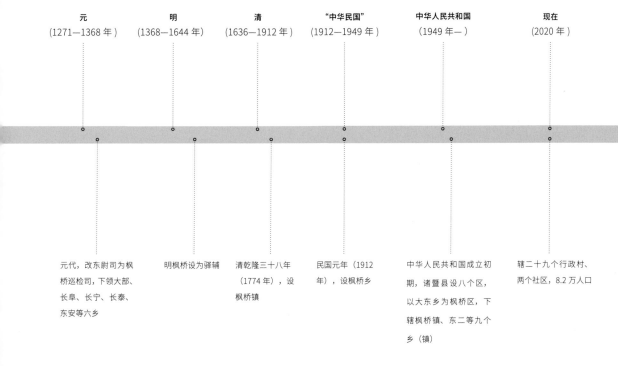

元
(1271—1368 年 )

明
(1368—1644 年 )

清
(1636—1912 年 )

"中华民国"
(1912—1949 年 )

中华人民共和国
(1949 年— )

现在
(2020 年 )

元代，改东尉司为枫桥巡检司，下领大部、长阜、长宁、长泰、东安等六乡

明枫桥设为驿辅

清乾隆三十八年（1774 年），设枫桥镇

民国元年（1912 年），设枫桥乡

中华人民共和国成立初期，诸暨县设八个区，以大东乡为枫桥区，下辖枫桥镇、东二等九个乡（镇）

辖二十九个行政村、两个社区，8.2 万人口

枫桥历史发展时间轴

枫桥三贤：王　冕
　　　　　杨维桢
　　　　　陈洪绶

作为浙江省首批历史文化名镇，枫桥自古耕读传家，重教兴学。据《枫桥史志》描述宋时此地文教昌盛，至明代更是文风鼎盛，著名理学家朱熹、词人辛弃疾、诗人陆放翁、鸿儒刘宗周、书画家徐渭、王阳明之父翰林编修王华等文人墨客都曾优游于此，翰墨遗风对后世影响深远。枫桥历代名贤秀士辈出，其中最负盛名的王冕、杨维桢、陈洪绶三人被誉作"枫桥三贤"。王冕，元代著名画家、诗人，才情横溢，品格高洁，其《墨梅》一诗中的千古名句"不要人夸好颜色，只留清气满乾坤"，更是让今天的枫桥成为著名清廉教育基地。杨维桢，元末明初著名文学家、诗人、书法家，被誉为"文章巨公"，曾在文坛独领风骚四十余年，桃李天下，影响深远。陈洪绶，明末清初的艺术大家和文化巨匠，其书画成就声名远扬，时与崔子忠齐名，称"南陈北崔"。"枫桥三贤"以极高的文学艺术造诣流芳千古，里人以《诸暨三贤赋》咏之。

枫桥拥有得天独厚的红色文化经典，是"枫桥经验"发源地。一九六三年毛泽东同志批示的"枫桥经验"，因"小事不出村，大事不出镇，矛盾不上交，就地化解"的社会治理成功经验，成为基层治理样板而闻名全国，是我国政法综治战线的一面旗帜。二〇一三年习近平总书记作出重要批示，强调要把"枫桥经验"坚持好、发展好，与时俱进地坚持和发展新时代"枫桥经验"成为当今建设平安中国的重要战略思想。

枫桥现存古镇核心区面积为十一点五公顷，以宋时市集繁华的"十字老街"为架构，坊巷里弄纵横交织，粉墙黛瓦古韵犹存。枫溪江盘镇而过，百姓枕水而居，桥下埠头浣洗，江岸凭栏小憩，古镇以其清晰完整的格局脉络维系着淳朴的溪上江南生活状态。和平路上保留着一处著名的历史文化遗存——枫桥大庙，即紫薇侯庙，始建于明，重建于清，因一九三九年周恩来同志曾在大庙戏台上发表抗日救国演讲而成为重要的革命传统教育基地。近

一九六三年十一月二十日，毛泽东同志为"枫桥经验"批示。

宋·元祐塔（来源：《枫桥史志》）

枫桥大庙（来源：贾方摄）

年来在我国城镇化的大背景下，枫桥以古镇为中心迅速扩展现代化城镇格局，街道纵横成网，省道绍大线穿境而过，与枫湄线、枫谷线交织，对外交通便利。目前枫桥建成区域面积约五平方公里，是人口地域大镇，也是诸暨东北部地区的政治经济文化中心。

二〇一五年十月十五日我们初次探访枫桥古镇，对这座小镇的第一印象：名曰"枫桥"，却没有想象中的"红枫漫江"，也没见到传说的那座"枫桥"，在近年来快速城镇化的历程中小镇几经变迁，这方文化沃土似乎已是落寞萧索，历史上的荣光已悄然褪去。砖木结构的传统民居久未修缮且多为危房（表一），基础设施难以承载现代生活，年轻人离乡发展，古镇空巷清冷，民生问题已成痛点。古镇风貌逐渐褪色，而新区建筑千篇一律，枫桥似乎已失去了自己的特色。

我们不禁开始思考枫桥该"何去何从"？许多遥远的往事，值得铭记和传承，而看不清的未来，更需要探明方向。我们所能做的，就是为这座小镇寻一条适合它的复兴之道。但这一全镇域的更新项目对建筑师而言确实是个难题：复合的发展需求、不确定的主体对象、模糊的建设目标，甚至没有任务书也没有预算。它逾越了传统建筑设计的边界，其复杂性要求我们从更高的维度去寻求出路。对于设计目标的选择，路易斯·康认为，设计对象想变成怎么样一定意义上要超过建筑师的主观意愿。政府的愿景、百姓的期盼、过客的感怀，这些设计对象向建筑师传递着他们的诉求，成为牵引我们思考的线索。

表一　青年街第一批检测报告

| 房屋名称 | 建筑层数 | 基础形式 | 结构形式 | 建设年代 | 检测结果 | 备注 |
|---|---|---|---|---|---|---|
| 青年街29号、31号、35号 | 2层 | 毛石条基 | 外墙为青砖、砂墙，木柱、木梁、木楼面；木檩条，小青瓦屋面 | 中华人民共和国成立初 | 地基基础：稳定性良好 围护结构：木围护及木门窗框老化、破损、虫蛀，外挂物和附属构件老化 | 29号　31号　35号 |
| 青年街34号、36号 | 2层 | 毛石条基 | 砖木结构；外墙为青砖，木柱、木梁、木楼面；木檩条，小青瓦屋面 | 中华人民共和国成立初 | 地基基础：稳定性良好 围护结构：墙体受潮、粉刷脱落，木围护及木门窗老化、破损、虫蛀，外挂物和附属构件腐朽 | 34号、36号 |
| 青年街38-1号、38-2号 | 2层 | 毛石条基 | 外墙为青砖空斗墙、砂墙，木柱、木梁、木楼面；木檩条，小青瓦屋面 | 中华人民共和国成立初 | 地基基础：稳定性良好 围护结构：木围护及木门窗老化、破损，外挂物和附属构件腐朽 | 38-1号、38-2号 |
| 青年街40号 | 2层 | 毛石条基 | 外墙为青砖空斗墙，木柱、木梁、木楼面；木檩条，小青瓦屋面 | 中华人民共和国成立初 | 地基基础：稳定性良好 围护结构：木围护及木门窗框老化、破损、虫蛀严重，外挂物和附属构件腐朽 | 40号 |
| 青年街42号 | 2层 | 毛石条基 | 外墙为青砖空斗墙，木柱、木梁、木楼面；木檩条，小青瓦屋面 | 中华人民共和国成立初 | 地基基础：稳定性良好 围护结构：门窗框、外挂物和附属构件连接基本完好 | 42号 |
| 青年街44号 | 2层 | 毛石条基 | 外墙为青砖空斗墙，木柱、木梁、木楼面；木檩条，小青瓦屋面 | 中华人民共和国成立初 | 地基基础：稳定性良好 围护结构：木围护及木门窗框整体老化、破损、虫蛀严重，外挂物和附属构件老化、腐朽 | 44号 |
| 青年街45号、47号、49号 | 2层 | 毛石条基 | 砖木结构；外墙为青砖，木柱、木梁、木楼面；木檩条，小青瓦屋面 | 中华人民共和国成立初 | 地基基础：稳定性良好 围护结构：房屋墙体受潮、粉刷脱落严重，木围护及木门窗框老化、破损、虫蛀，外挂物和附属构件腐朽 | 45号、47号、49号 |

续表

| 房屋名称 | 建筑层数 | 基础形式 | 结构形式 | 建设年代 | 检测结果 | 备注 |
|---|---|---|---|---|---|---|
| 青年街 46 号 | 3 层 | 毛石条基 | 砖混结构，预制混凝土密肋梁，预制混凝土楼板楼盖，木檩条，小青瓦屋面 | 不详 | 地基基础：稳定性良好<br>围护结构：门窗框老化、破损，外挂物和附属构件老化 | <br>46 号 |
| 青年街 52 号 | 1 层 | 毛石条基 | 砖木结构；外墙为砂墙，木柱、木檩条，小青瓦屋面 | 不详 | 地基基础：稳定性良好<br>围护结构：门窗框整体翻新，外挂物和附属构件未见异常 | <br>52 号 |
| 青年街 53 号、55 号、59 号、61 号 | 2 层 | 毛石条基 | 青砖空斗墙，木柱、木梁承重，木楼面，木檩条，小青瓦屋面 | 中华人民共和国成立初 | 地基基础：稳定性良好<br>围护结构：木门窗框老化、破损，外挂物和附属构件腐朽 | <br>53 号　　55 号　　59 号、61 号 |
| 青年街 54 号、56 号 | 2 层 | 毛石条基 | 外墙为青砖、砂墙，木柱、木梁、木楼面；木檩条，小青瓦屋面 | 中华人民共和国成立初 | 地基基础：稳定性良好<br>围护结构：木门窗框整体老化、破损严重，外挂物和附属构件腐朽 | <br>54 号　　　56 号 |
| 青年街 58 号 | 2 层 | 毛石条基 | 砖木结构；外墙为青砖，木柱、木梁、木楼面；木檩条，小青瓦屋面 | 不详 | 地基基础：稳定性良好<br>围护结构：整体翻新，门窗框、外挂物和附属构件基本完好 | <br>58 号 |
| 青年街 63 号 | 2 层 | 毛石条基 | 外墙为青砖空斗墙，木柱、木梁、木楼面；木檩条，小青瓦屋面 | 中华人民共和国成立初 | 地基基础：稳定性良好<br>围护结构：木门窗框基本完好，外挂物和附属构件未见异常 | <br>44 号 |
| 青年街 65 号 | 2 层 | 毛石条基 | 外墙为青砖空斗墙，木柱、木梁、木楼面；木檩条，小青瓦屋面 | 中华人民共和国成立初 | 地基基础：稳定性良好<br>围护结构：木门窗框整体老化、破损，外挂物和附属构件腐朽 | <br>65 号 |

改造前的古镇全貌（摄于二〇一六年三月十日）

改造前的古镇印象

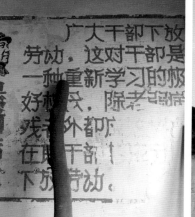

# 枫桥经验之于小城镇更新的启示

## 1 枫桥经验与小城镇更新

浙江省诸暨市的枫桥古镇，面对复杂的小城镇更新的新需求，充分借鉴当下全国社会基层治理的重要指导思想"枫桥经验"，其"以人民为中心"理论基石和丰富的基层实践经验，为枫桥古镇有机更新提供了诸多思路与启迪。

### 1.1 枫桥经验思想历程——什么是枫桥经验

枫桥是一个具有悠久历史文化积淀和优良革命传统的小镇，产生过"枫桥三贤"王冕等历史文化名人，发生过周恩来同志发表枫桥抗战演讲等重要历史事件。一九六三年二月，枫桥创造了发动和依靠群众，坚持矛盾不上交、就地解决的"枫桥经验"，毛泽东同志批示学习全国推广；二〇〇三年，时任浙江省委书记的习近平同志明确要求充分珍惜、大力推广、不断创新"枫桥经验"；二〇一三年，习近平总书记作出重要指示，要求把"枫桥经验"坚持好、发展好[①]。枫桥先后总结出了脍炙人口的"小事不出村、大事不出镇、矛盾不上交"和"党政一起动手，依靠群众，立足预防，化解矛盾，维护稳定，促进发展"等具有时代特色的经验。党的十九大以来，进入高质量发展新阶段的今天，浙江不断推动"枫桥经验"落地生根，从乡村"枫桥经验"衍生出城镇社区"枫桥经验"、海上"枫桥经验"、网上"枫桥经验"，从社会治安领域已经扩展到经济、政治、文化、社会、生态等领域。

"枫桥经验"的思想核心就是 "人民为主体"的核心价值观，努力满足人民群众美好生活新需要，让城乡群众成为基层社会治理的最大受益者、最广参与者、最终评判者。"枫桥经验"在具体工作中，总结为"五个坚持"

[①]二〇一三年，习近平同志就坚持和发展"枫桥经验"作出重要指示强调，各级党委和政府要充分认识"枫桥经验"的重大意义，发扬优良作风，适应时代要求，创新群众工作方法，善于运用法治思维和法治方式解决涉及群众切身利益的矛盾和问题，把"枫桥经验"坚持好、发展好，把党的群众路线坚持好、贯彻好。（来源：人民日报二〇一三年十月十二日头版）

①表一引自：姬艳涛."枫桥经验"
研究的时空分布、演化进路与
知识逻辑——基于科学知识图
谱的可视化分析 [J]. 公安学研
究 ,2019,2(04):46-76+123-124.

②"四边三化"行动是浙江省
委、省人民政府于二〇一二年
提出的环境整治工作方案，"四
边"是指公路边、铁路边、河边、
山边等区域，"三化"是指洁化、
绿化、美化。

表一　"枫桥经验"发展创新的演化历程①

| 阶段 | 社会主要矛盾 | 主要经验 | 主要实践 |
|------|------------|---------|---------|
| 管制 | 以阶级斗争为纲 | "四类分子"改造经验 | 群众路线、专群结合、说理斗争 |
| 管理 | 人民日益增长的物质文化需要同落后的社会生产之间的矛盾 | 社会治安综合治理经验 | 治安维稳、平安建设、综合治理、犯罪预防、社会管理 |
| 治理 | 人民日益增长的美好生活需要和不平衡不充分的发展之间的矛盾 | 基层社会治理经验 | 共建共治、三治融合、协同治理、社会自治、智慧治理 |

的指导思想，即坚持党的领导，坚持人民主体，坚持"三治融合"，坚持"四
防并举"，坚持共建共享；实现路径可以总结为"自治、法治、德治"的"三
治融合"，实现从社会管理到社会治理、政府从管理到服务的转变（表一）。

## 1.2 新时期城镇更新中的枫桥经验——如何应用枫桥经验

　　枫桥古镇更新项目正式启动之前，枫桥小城镇整治提升工作实际上已开
展多年。二〇一二年以来响应浙江省"四边三化"②行动目标，绍大线、枫谷线、
枫店线等重要路段的立面改造、违章建筑拆除、市政管线及景观绿化提升等
若干工程快速落地，形成了整齐划一的城镇新貌，街道道宽路洁，商铺门面
焕然一新。但是，小城镇的内生活力不足，店门依旧紧闭，车辆依旧违章停
放。"自上而下"的小镇环境整治运动优化了空间本身，却难以充分回应小
镇"人"的生存和生活诉求，难以唤起人们的文化认同感，没能切实解决小
镇民生问题。

　　二〇一五年枫桥古镇更新项目正式启动，为枫桥探索一条从"治标"转
向"治本"的更新道路。在这一过程中，"枫桥经验"作为六十年历久弥新
的经验典型，为小城镇这样的"城乡基层单元"的更新工作中提供了很多创
新理念和实践引导。

表二 "枫桥经验"基层社会治理机制

| 基层社会治理"三治融合" | | | 新时期发展 |
|---|---|---|---|
| 自治<br>（治理基础） | 法治<br>（保障作用） | 德治<br>（引领作用） | 智治<br>（技术创新） |
| 村镇干部队伍建设 | 干部依法办事 | 文化治理 | 智慧服务终端 |
| 社会自治组织建设 | 群众依法维权 | 情感治理 | 网络信息平台 |
| 民主协商机制健全 | 制定村规民约 | 德育教化 | 智慧警务系统 |
| 乡贤参与社会治理 | 完善法律服务 | 柔性治理 | 在线调节平台 |
| …… | …… | …… | …… |

**共建、共治、共享**
党委领导、政府责任、社会协同、公众参与的"枫桥经验"基础社会治理机制

### 1.2.1 与时俱进的创新观念

"枫桥经验"在发展历程中，能够跨越从新中国建设、改革开放到高质量发展新时代多个阶段，不断衍生新的内涵，与时俱进，面对小城镇更新需要，传统模式化的以城镇规划为重点的方式显然无法满足发展需要，必须创新地建立一套覆盖前期策划、规划设计、实施运营全过程，"一竿子到底"，从观念到方法积极地做出转变。

### 1.2.2 服务民生的规划目标

"枫桥经验"的主要目标最关切的是人民内部矛盾。在小城镇更新过程中，我们直接面对的是人民群众的多方面诉求，既有物质空间环境的改善，更有就业创业、文化归属等更高层级的要求。浙江省从"美丽乡村"到"美丽城镇"，"美丽"的概念绝不仅仅是环境的整治，而是从环境整治到改善民生为目标、"生产、生活、生态"三生融合的社会综合效益的体现。将改善民生作为第一位的规划目标，才能真正让人民群众有获得感，才能得到全方位的支持和理解。

①枫桥镇有覆盖各个阶层、各类人群的社会组织近五十个，涵盖了治安巡逻、矛盾化解、网格化服务、心理服务、特殊群体帮扶等方面，参加人数一万七千八百五十人，占总人口的三分之一。（数据来源：中国法学会"枫桥经验"理论总结和经验提升课题组．"枫桥经验"的理论构建 [M]. 北京：法律出版社，2018.）

### 1.2.3 公众参与的组织机制

"枫桥经验"的生命力在于"以人民为主体"的核心理念，来自于政府、团体、个人之间的民主协商的政治艺术，最显著的特征就是"社区自治"的组织架构（表二）。对于小城镇而言，小型化的空间尺度、熟人社会的文化特性，都导致任何规划的成果实施都与老百姓休戚相关，是否有充分且落地的公众参与机制直接关系到规划设计过程的每一步。在枫桥古镇更新中，借助"枫桥经验"的民主协商组织机制和社会团体①、乡贤联合会、基层民间组织、投资商、经营户、志愿者、原住民都真真切切地参与到整体方案的策划到最后实施现场的协商全过程，充分借助了多元主体平台共谋、共建的力量和智慧。

### 1.2.4 "轻介入、微更新"的技术方法

传统城镇存量更新的项目中，"残、坏、旧、缺"等"城市病"问题是我们首先要面对的。这些一方面是古镇历史遗存和空间记忆的组成部分，应受到尊重和保护，同时在客观上已经严重影响了人民群众的生活品质，两者的矛盾冲突和当年解决社会矛盾一样尖锐。借鉴"枫桥经验"的德育教化方针，用"治愈"代替"切除"，我们通过"轻介入、微更新"，建立基于"枫桥经验"引导下的技术策略，用"显微镜"的方式去排查问题，用"微创手术"的方式去加固修缮，用"自我生长"的方式去期待时间和小镇的自我疗伤治愈，不搞大拆大建，不搞翻天覆地的大运动，让小镇就像一个生命体一般，在手术后通过唤醒自身免疫力实现复苏和生长。

### 1.2.5 自下而上的角色转换

"枫桥经验"的另一个重要特点是规划师的角色转变。在枫桥项目里，所有参建设计师感受最深、收获最大的一点，是实现了从以往的"自上而下"的技术咨询服务，规划成果的"图上画画、墙上挂挂"，到深入小镇群众，构建互信的"调解"渠道和工作方法，实现了"就地解决，矛盾不上交"的结果。在枫桥项目里，由于项目的复杂性，设计师们真正走出办公室，成为"社区规划师"，参与背景调研、需求征集、结构检测、房屋测绘、技术服

表三 枫桥古镇更新的"三上三下"决策机制实践

| "三上三下"决策环节 | "枫桥经验"的决策机制 | 枫桥古镇更新的决策机制 |
|---|---|---|
| "一上一下"收集议题 | 上门下访从群众中征求意见收集议题 | 通过上门走访及会议讨论,收集政府、乡贤、原住民、企业、游客等各方主体需求 |
| "二上二下"酝酿方案 | 召开民主恳谈会探讨和完善方案 | 设计师拟定初步方案汇报阶段成果,召开专项研讨会,政府及民众发表意见,多方共同制定阶段目标、子项清单和实施计划 |
| "三上三下"审议决策 | 提交党员会议审议、村民代表会议表决 | 《枫桥镇"现代古镇"发展策划》文件编制完成,提交政府与民众代表参与的联合会议决策通过 |

务、矛盾调解、运营治理等每一个环节,三百多次的出差服务记录和几十天的当地住宿印证了"在现场"的工作方法。设计师们在政府、各参建方和老百姓们之间构建了一种桥梁和纽带。枫桥古镇更新项目最后被当地领导高度评价为"这是一个零投诉的项目",根本原因在于与人民群众最终目标的一致性和"自下而上"的角色转变。

**2 枫桥古镇有机更新类项目的实践机制——工作怎么干**

枫桥古镇的更新实践项目,植根于"枫桥经验"成熟的理论体系和深厚的群众基础,逐步摸索、建立起了一套从决策过程、公众参与、多元主体平台、协调沟通等方面,适宜小城镇更新类项目的"自下而上"的实践机制,保障了整个更新过程的顺利推进。

2.1 决策机制——从一元到多元

枫桥古镇更新项目实施之初,地方政府只有"复兴枫桥"的宏观发展目标,缺乏系统的发展思路和具体的实施内容。在判断"做什么"和"怎么做"

① "三上三下"民主决策机制是指收集议题环节，群众意见上，干部征求下的"一上一下"；酝酿方案环节，初步方案上，民主恳谈下的"二上二下"；审议决策环节，党员审议上，代表决策下的"三上三下"。

② 据《枫桥史志》记载"古越建都"历史，夏帝少康庶子无余乃大禹后裔，建国於越，商周时期於越王室"披草莱而邑"，设都城于大部，即现枫桥所在之地。

③ 枫桥历代名贤秀士辈出，其中最负盛名的王冕、杨维桢、陈洪绶三位名士被誉作"枫桥三贤"。

的总体决策阶段，"由谁决策"、"如何决策"成为首先要问解决的难题。这个时间节点，"枫桥经验"的"三上三下"①民主决策机制为我们提供了很好的解题思路（表三）。

"一上一下"是指收集议题，通过上门下访从群众中征求意见收集议题。枫桥古镇更新工作第一步，即展开各方需求的收集，政府明确总体目标和阶段性任务要求，当地乡贤、企业、原住民通过多轮走访和会议研讨等形式上交建议。设计师们在与乡贤的攀谈中挖掘"古越建都"②、"枫桥三贤"③等珍贵历史文化遗存；在与当地企业的对话中了解枫桥特色的服装、纺织等产业发展处于转型瓶颈；在原住民的倾诉中知悉老旧建筑设施已无法满足现代民生需求。

"二上二下"是指酝酿方案，召开民主恳谈会探讨和完善方案。枫桥更新的具体思路和基本框架讨论经历了近两个月的多方深入沟通，在分层级目标制定、各系统子项设立、分阶段实施计划等方面，设计师与政府、社会各界共同研究论证具体的实施方案。

"三上三下"是指审议决策，通过党员会议、村民代表会议通过后实施。二〇一五年十二月，各方意见整合梳理后，为枫桥"量身定制"的《枫桥镇"现代古镇"发展策划》报告基本成型，报告中明确提出了"留得住乡愁、看得见发展"的总体发展目标，制定了三年、五年、十年的分步实施计划，形成了与目标相匹配的实施建设子项。其中，短期"三年三步"计划从古镇区域的"街-坊-镇"、城市界面的"到达-穿越-编织"、重点项目的"点-线-面"三个维度进一步细化了子项建设时序，明确以古镇核心区、孝义路为基点，逐步拓展至整个古镇及其周边区域的"渐进式"更新策略。方案提交政府与民众代表参与的联合会议决策通过。

在公众、设计师、政府三位一体的决策机制中，决策过程全公开，各类决策主体开展有组织的协商，避免了过去单一主体决策的弊端，避免了"政府干、群众看"，通过多元决策机制真正激发出了枫桥古镇更新潜在的原生生命力。

表四 多方联合工作平台

| 多方联合平台 | | |
| --- | --- | --- |
| 政府机构 | 建设单位 | 民间团队 |
| 诸暨市政府 | 总策划师 | 枫桥乡贤联合会 |
| 诸暨城投 | 设计总负责 | 调解志愿者联合会 |
| 枫桥古镇开发办公室 | 十四个设计专业 | 原住民及游客 |
| 枫桥镇人民调解委员会 | 驻场设计团队 | 本地企业及返乡投资商 |
| 枫桥古镇文化旅游开发有限公司 | 施工单位 | 文化协会 |
| 枫桥古镇投资开发有限公司 | 生产厂家 | 中青旅运营团队 |

## 2.2 工作流程——从线性到互动

### 2.2.1 建立多方联合的工作平台

枫桥古镇更新项目中，参与主体的构成非常复杂，除常规项目的"政府 -设计 - 施工 - 运营 - 居民"五方主体外，还包含乡贤、原住民、本地企业、协会、游客、创客、投资客等方方面面的使用者。为便于建设者、设计者、使用者等多方主体之间的高效协作，项目摒弃了传统"政府决策 - 建筑师设计 - 施工单位建设 - 商业团队运营 - 社会反馈"的"一维线性"工作方式，搭建了长期驻场办公的"政府机构 + 建设团队 + 民间团体"多方联合工作平台（表四），并融合"枫桥经验"的基层调解团队，构建体系化、网络化的工作机制。政府的引导、公众的建议、投资方的利益诉求、施工方的技术要求，各类主体需求都通过这一工作平台实现协调和落地。

### 2.2.2 培育公众深度参与的互动机制

因"枫桥经验"熏陶成性，枫桥政府和居民已具备良好的公众参与意识，自发地通过联合工作平台积极介入古镇更新工作。政府始终坚持了城镇更新的"原住民不迁出"和"百姓生活影响最小化"的两个基本工作原则。项目实施前，现场调研仔细排查公屋与民宅的具体情况，召开大小座谈会一百零七个，走访家庭六千九百三十九户，挨家挨户聆听诉求，真正做到了"把蓝

①"四前"是枫桥经验最典型
的工作方法，指的是"组织建
设走在工作前，预测工作走在
预防前，预防工作走在调解前，
调解工作走在激化前"。

图交给群众"；项目施工中，设计团队年现场服务次数一百二十九次，参与会议八十余次，走入百姓家中听取意见并及时优化设计。由三百余位乡贤组成的枫桥乡贤联合会，定期参与项目建设过程的大小会议发表意见，原住民和地方企业从方案设计到后期运营都拥有协商和决策的权利。

公众深度参与的过程中，矛盾的产生在所难免，小到一根柱子、一方水景、一角飞檐，都曾引发群众质疑。我们借鉴了"枫桥经验"中"组织建设走在工作前，预测工作走在预防前，预防工作走在调解前，调解工作走在激化前"的"四前"工作法①，依托枫桥镇人民调解委员会、调解志愿者联合会、乡贤联合会等"枫桥经验"特色基层治理团队，在设计、实施和运营各个阶段组织协商调解，预防和化解矛盾纠纷。驻场设计人员、施工人员与政府专职调解人员、调解志愿者共同参与社会调解二十余次，许多设计细节都是在现场与居民商量协调后才确定实施。

### 2.2.3 形成"由点及面"的推广方式

"枫桥经验"是具有示范性的试点经验，其各阶段发展的突破口都是通过试点公社的建立和运作，汲取成功经验"由点及面"地推广，以局部试验推动渐进式治理。

枫桥古镇更新实践中树立了技术、风貌、业态等多维试点。例如，在古镇核心区修复工程中，选取当时空置的青年街四十一、四十三号公房作为"样板房"，按照民宿客栈的业态预设进行"由内而外"的全方位更新，将落架大修、空斗砖墙加固、新构件做旧、室内改造、管线敷设等更新技术全面尝试，并对更新后实际效果的满意度征集了政府和社会公众的意见，为后续全古镇范围建筑修复工作的铺开做了示范性的探索。在城镇主干道绍大线立面提升工程中，针对店面形象与功能协调的重要问题，在树人文化传播公司的三个店铺设立了"卷帘门＋店招试点"，最终选取政府和公众达成共识的样式进行全线推广。

项目从策划到建成，各种参与者的意志不断介入，网络互动式的工作机制及时传递和反馈各类主体的意见，将设计的不足、百姓的不解、社会的质

表五 公众参与的互动式工作机制

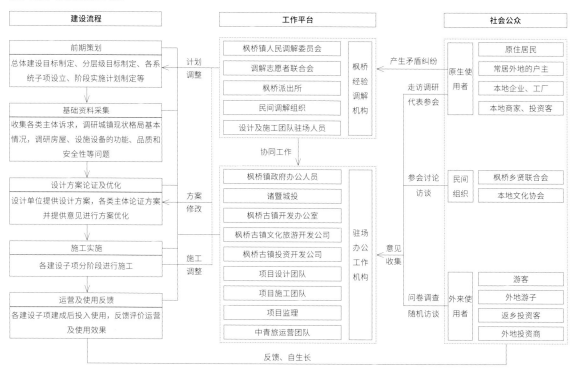

疑，在密切沟通中第一时间化解。通过不断往复循环的优化调整过程，推进了项目最终以"零投诉"的方式落地（表五）。

## 2.3 技术方法——从单一到多维

小城镇是一个有机的复杂生命体，拥有历经漫长时间演进而稳定成形的既有空间形态，其更新内容的复杂性需要从单一的建筑，扩展到公共空间、产业活力、系统等多维层面展开分析，才能实施"对症下药"的治疗和引导。历时五年，枫桥古镇更新项目一期已完成古镇周边区域、古镇核心区域及重要节点三类建设子项共计十四项。

### 2.3.1 建筑的修缮——一户一案

既有建筑单体是城镇更新对象中最大量的基本单元。其修缮过程秉承"枫桥经验"服务民生的宗旨，将工作细化至每家每户。根据户主意见、房屋情况和实施工艺的影响，一户一案，每幢建筑都采用不同的修缮方案。

　　首先经由结构设计师、房屋检测团队与经验丰富的古建工匠对每个构件进行检测分析，依据柱梁的腐烂、风化与开裂程度，可将修缮方式区分为"落架大修"、"加固修缮"、"适度修复"三种类型。其中，"落架大修"需要将房子整体木梁架拆卸下来，逐一替换不能再继续发挥其作用的构件后，再整体拼装回去；"加固修缮"是对局部承重构件的损坏进行针对性修复加固，例如空鼓破损的空斗砖墙需要加建约十厘米的混凝土层进行加固；"适度修复"则是对房屋品质较好的建筑，进行装饰性构件的替换和修补。我们在对主体建筑修复的同时，还统一考虑空调机位、管线接口、电表箱的优化设计，而使用功能和立面效果则充分尊重原住民意愿，经过协调沟通确定最终实施方案。

### 2.3.2 公共空间——核心节点的织补

　　城镇公共空间维度关注的是尊重与传承，也是从现代生产生活需求出发，对城镇既有核心公共空间节点的修复和新建建筑的衔接。

　　枫桥古镇难得的引领性项目"枫桥经验陈列馆"，因古镇空间肌理带来的选址局限，规划选址巧妙地将其与古镇入口先导区合并，设计中通过展陈空间的复合与院落空间的释放，实现有机"织补缝合"，使这组建筑自然融于古镇环境之中。

　　另一项典型的古镇公共空间复兴项目是"枫桥大庙广场"。大庙是一九三九年周恩来同志来枫桥作抗日救国演讲之地，也是著名的红色旅游景点和省级文物保护单位。此次规划提升大庙的重要性与礼仪性，拆除了紧邻入口的几幢老旧砖房，梳理出约八百平方米公共空间作为前场和集散用地。小广场平日里成了老街居民的休闲活动场地，节庆时作为举办枫桥年俗文化节的场所，为狭长的老街置入了一处活力点，实现功能的有机织补。

### 2.3.3 活力的自生长

　　活力维度是要求设计者放眼小城镇的全生命周期，小镇的真正活力来自于产业运营和居民自组织的再生长。设计尽量用"轻"的方式介入原有城镇空间活力的再生，用"益生菌"的方式植入新要素，在承接过去的同时，也给未来"留白"或"留线索"，创造自生长的可能性。比如，枫桥的传统建筑立面修复之后，推动了许多居民以此为模板恢复自己的住宅传统建筑形式；在老街上，政府招商植入了书局、拳馆、旗袍馆、酒馆、客栈、文创馆等多元文化业态，它们成为小镇焕发新生的"触媒"，之后居民们也自发地开了些零星小店，小镇业态的自生长已初见端倪。这些做法吻合了"枫桥经验"倡导的"注重他律"向"激发自律"转变的引导型工作理念。

### 2.3.4 系统的协同

小城镇更新需要整体性和系统性，一个城市正常运转所拥有的产业、生态、交通、能源、防灾等体系，小城镇也一应俱全。为了呈现一个完整的城镇空间，除了前期的规划、建筑以外，市政交通、能源照明、景观家具、智能管理等所有建设领域内的设计专项，需要在短时间内加以统筹。

以枫桥古镇核心区的"十字老街"更新为例，宋时商家云集的繁华老街历经千年变迁已颓然失色，破败的砖木房屋年久失修，老旧的市政管线密布交织。我们对老街的五十五幢建筑、市政配套设施、景观环境等进行逐一检测排查，改造更新的实施内容从结构加固、立面修缮、功能置换、室内装饰，到市政管线"上改下"、路面修复、灯光布置，再到路灯、垃圾桶、店招、灯笼、景观小品、古镇标志的设计和布置，无不反映出"一步到位"的建成环境要求下多专业设计和施工的高度协同。

### 2.4 场所精神——从物质到精神

小城镇熟人社会的人情与乡愁，比大城市更加浓烈，人与空间的情感关联也更加强烈。设计需更注重对人性精神的关怀，维系人与人、人与物的情感连接。这与"枫桥经验"的"法制结合德治，柔性代替强硬"的治理思路一致，通过温和的情感感召和道德教化来化解问题。

枫桥古镇核心区的更新，以最细腻的方式留住历史的痕迹。刻着"颐和堂"的门额、殷红的毛主席语录、矮墙上的手绘枫桥旅游图、屋里闲置的老物件,这些唤醒记忆的细节都被仔细保存下来。依然承载着古镇传统生活的背街小巷,是百姓生活的真实写照。更新工作仅限于粉刷白墙、修补屋面、规整空调机位以改善凌乱的街巷现状,更换老石板、花格窗以延续古朴的建筑意韵,用"轻介入、微更新"的方式,尽量维持古镇的原生生活状态。

此外,更新过程中还成功地实现了一次历史记忆的重塑。据记载,隋朝于枫桥渡口曾有一座双孔石拱桥,名为"枫桥"。而如今的枫桥镇,却无法找到"枫桥"的具体地址和实物。在进行了一系列的文献考据和走访之后,我们提出了在枫桥古镇入口处拆除原彩仙桥,复建枫桥的建议,并提供了最大限度接近史志描述的"枫桥"复建方案。当二〇一八年国庆"枫桥"落成之日,当地乡贤乡亲举行了盛大的祭祀活动来为新桥祈福。重生的"枫桥"成为小镇的一张新名片,是乡愁情感的凝聚点,也是枫桥人归属感的一处新的寄托。

## 3 结语

小城镇有机更新都会面临枫桥古镇更新中出现的目标复合、主体多元、对象琐碎等问题,要求政府部门、规划师、设计者从发展目标确定、项目总体策划、建设计划制定、各专项设计、施工服务、招商运营等全过程参与,开展多方沟通协调工作。这种从宏观策划到微观落地的一体化要求,在传统的规划和设计体系里难以找到与之匹配的工作模式和组织机制。枫桥古镇有机更新实践,可视作一次镇域体系完整的、高完成度的小城镇更新运动,以"枫桥经验"作为一座桥梁搭接社会治理与规划建设两个领域,将社会基层治理经验与小城镇更新实践相融合,构建多元决策、公众互动、多维技术与乡愁情感并重的实践机制。经过更新的枫桥古镇于二〇一九年被列入中国历史文化名镇名村名录,一定程度上印证了更新工作所取得的成果,其更新实践为浙江乃至全国的小城镇更新工作提供了创新思路。

# 小城镇复杂性的七个维度

## 1 小城镇的复杂性

　　罗伯特·文丘里在他的传世之作《建筑的复杂性和矛盾性》一书中对建筑的复杂性做了令人印象深刻的描述。作为建筑师，我们深知即使是一个最简单的建筑，也必然有其社会性和技术性的矛盾，有其功能和形式的关系，有其建筑、结构、设备等各专业的协同。被奉为建筑经典的流水别墅的形式建构逻辑和受潮腐烂不堪的功能现状尚且仍在学界争论不休，更何况面对的是枫桥古镇这样一个由上千个建筑以及各种环境要素共同构成的对象？

　　当然，小镇比一千座建筑加起来还要复杂得多。另一本描述复杂性的书是米歇尔·沃尔德罗普的《复杂》，书中提到："蚂蚁几乎无智商，为何蚁群却能完成复杂又精细的合作？数以亿计的神经元是如何产生智能和情感的？"[①]他认为这个世界是一个相互关联和相互进化的世界，并非仅仅是线性发展的，并且认为这个世界上不仅存在着混沌，也存在着结构和秩序。这样一种理论更加适合描述生物、社会、经济、城市等更为复杂的要素之间有相互关联的秩序系统。

　　所以小城镇不管是仅仅被看成建筑物等物质环境的集合还是作为人类社会的一个组成单元，其复杂性是一种必然。它的复杂并不仅仅是各种组成部分单项复杂的叠加，更像是一个存在着内在运行机制的复杂性要素集群。当然，要探寻复杂性背后的体系化的运行机制实非建筑师可以做到，但通过长时间的观察和实践，我们首先可以找出复杂性的原因，罗列复杂性的内容并分类，以及结合专业进行试探性解决方案的实践，这就是我们这几年在枫桥做的工作。

①米歇尔·沃尔德罗普等．"复杂 (1)." (1997).

① 浙江省城市工作会议于二〇〇六年八月八日在杭州召开。时任省委书记、省人大常委会主任习近平在会上强调，要以邓小平理论和"三个代表"重要思想为指导，全面落实科学发展观，致力于构建社会主义和谐社会，按照省委提出的"八八战略"等一系列重大战略部署，围绕统筹城乡经济社会发展、促进社会主义新农村建设，进一步优化城镇体系，完善城乡规划，提升城市功能，加强城市管理，创新发展机制，坚定不移地走资源节约、环境友好、经济高效、社会和谐、大中小城市和小城镇协调发展、城乡互促共进的新型城市化道路。

## 1.1 目标的复杂性

维特鲁威提出的"实用、坚固、美观"的要求，足够让吾辈建筑师们头疼不已，不甘平庸的更是义无反顾地热衷于为建筑寻找一件镶嵌着艺术、文化和哲学的外衣，这就更加复杂了。那么小城镇项目的目标是什么？习近平总书记提出了"要坚持以人为本，走资源节约、环境友好、经济高效、社会和谐、大中城市和小城镇协调发展、城乡互促共进的新型城市化道路"。①如果让建筑师来理解这句话，一定是抓破脑袋也依然难以理解。

实践一定是一种接近真理的方式。当枫桥这样一个实例放在面前，当我们真正走进枫桥，走进枫桥人的生活，目标又变得清晰，但这种清晰并不代表着明了和简洁，反而是更加的细碎和具体。古镇房子看起来已经破旧不堪，修还是拆？污水排放怎么办？弱电煤气管线是否能接入？停车是否也是一个问题？年轻人来看长辈是否没地方住？游客来了是否找不到卫生间？……这样的目标可以列上一本书的厚度，但依然无法统计完整，但即使统计完整了，这样的目标集合真的就是枫桥古镇更新的最终目标吗？如果用规划师的提纲挈领式的常用语汇，"文化传承"、"生态文明"、"资源集约"、"可持续发展"、"新型城镇化"，看起来似乎可以在学术的高度上自信地囊括所谓的普适化目标，在规划文本里看起来是多么的正确和完善，但真正要制定分阶段目标和计划，似乎又回到了困惑的起点。所以我们在设计之初最先解决的是目标确定和目标分解的问题。

## 1.2 内容的复杂性

相对于目标的复杂性，内容本身的复杂性就非常的直白。上段所提到的一个个具体的小目标如果在大目标下就变成了一个个具体的工作内容，小城镇的日常工作也都在进行着这样具体内容的改善，只不过这种工作是一种日常性的、渐进式的，或者有时候是发散性的，往往会陷于具体和琐碎，甚至经常是重复而低效，缺乏长远的规划。我们在枫桥面对绍大线的改造时，距上次的改造还不足两年，所以除了内容的"多"，还有内容的"无序"带来了这种复杂性。有时候从建筑师角度出发，我们依然喜欢这样的物质环境的复杂性，至少是有据可依，可以拿起笔来画图了。

但小镇是人情社会，物质环境之外，每个人的需求和情感在内容的形成和工作中都能产生影响，平时挂在嘴边但没有真正体会的"以人为本"在小城镇的尺度下，显得如此的具体，所以内容提出的主体性的复杂也是非常有意思的组成部分。甚至我们真正投入几年后对枫桥产生的"故乡"的情感，也不得不说非常大程度上影响了具体实施的内容。除此之外，城镇虽然小但依然拥有完整的城市职能，生态的问题、产业的问题、民生的问题、社会治理的问题等各种城市问题在小城镇项目中都会直接触碰，导致"牵一发动全身"而带来更多的复杂性。这些复杂性就常常让我们束手束脚，坐立不安。

### 1.3 方法的复杂性

小城镇不同于建筑单体，也不是简单的单体集合，既不属于乡村又脱离于城市，同时又兼具如此复合的发展需求、非常紧凑的从图纸到落地的发展时序、涉及所有建设领域专业的协同，在传统的规划和设计体系里我们很难找到适合这类对象的设计方法，也无法找到与之匹配的工作模式和保障机制。项目的目标、图纸的内容、工作的方式都产生了巨大的变化，我们要懂一些策划，懂一些规划，懂一些建造，懂一些营销，懂一些协调管理，对建筑师在小城镇项目里面提出了更高的能力上的要求。好在有"摸着石头过河"和"实事求是"两个已经证实正确有效的方法论，我们只需要在实践中学习和积累。

### 1.4 最终成果的体系性

文丘里也提到"一个建筑物的复杂性和矛盾性对于环境的整体性来说，有其特别的意义：它的真谛必须体现在整体性或其相关含义中。它必须体现出复杂的兼容性的统一，而非简单的排他性的统一。"[①]作为建筑师，我们如果把"小城镇"看成是更加广义的"建筑"，所以很显然，以上所有小城

①罗伯特·文丘里，周卜颐．建筑的复杂性与矛盾性 [J]．城市住宅，2017(06):94.

镇所遇到的问题都必须"兼容性的统一"，这种统一的实现既不能妄图用一种密斯式的极简去抹平差异，也不能用刷一遍油漆去做一种表象上的统一，这种统一性也必须是在兼容的基础上有体系的统一。就好像我们是先打造一个书架，把相同类型的书本放在同一层，而不是想尽快把书本塞满整个屋子。即使内容不能全部包含，但体系架构应该是相对完整，才能有助于我们整体性地思考和完整性地呈现最终的成果。所以，在我们对小城镇认知并不彻底的情况下，我们希望先在方法论层面对影响因子打造一个"书架"，来看看到底有哪些类别的影响因子需要我们去关注和统一。

## 2 维度理论

突然从建筑学的领域谈到维度似乎有点突兀，但建筑学基本的画图概念和空间设计却是从维度开始，对我们来说又是很熟悉的。首先谈谈维度的概念，维度原型是从数学上来看的，又称纬数。通常在数学或者物理学意义上讲的认知世界的维度表述如下：零维是一个无限小的点，没有长度；一维是一条无限长的线，只有长度；二维是一个平面，是由长度和宽度（或部分曲线）组成面积；三维是二维加上高度组成体积；四维是关于三维物体在时间线上的转移（时空）；五维是四维时空的运动（当然也有可能有更多的维度超出我们的认知范畴）；六维指思想，独立于常识中的时间与空间之外。

当然建筑或者是小城镇对象还不能与数学概念上的维度一一对应，但其中可以得到蕴含着几个具有相同意义的理解：

一是既然按照这样的维度体系可以用来认知我们的世界，必然也包括了我们的建筑学和小城镇的对象。维度理论可以理解为划分世界的一种逻辑方式，我们可以清晰地看到在每一层级维度下目标对象的不同切面，从而可以屏蔽掉其他维度上的影响因子在这个层级上对目标对象的影响，也有助于我们可以集中精力做相应的点对点的研究。

二是所有的维度都是相对的，都是可以层级化的。维度在一定的时空下是绝对的，但在不同的具体对象面前又是相对的。虽然我们通过维度划分可以讲清楚某一类问题，但就像我们不能脱离上下文的具体语境来阅读同一句话，可能会有完全不同的意义，小城镇的对象也不能脱离上下层级的维度来单一地分析，这样会偏离正确的轨道。

三是具体到某个事物，维度必然是体系化的，从单一的维度出发的认知必然是片面的，就如"盲人摸象"的道理如出一辙。任何一个世界上存在的事物都是维度体系的综合，就像一个人，从无到有，从受精卵到长成成熟个体，从年幼到老年的时光印记，从物质需求和精神需求，这些维度上的完整才构成了一个完整意义上的人。既然我们研究的是一个完整的对象，我们最终的实践成果也有相对完整的要求，所以我们任何针对某一维度的问题最终都是在一个体系化的方式来寻求综合解决的策略。

所以我们尝试构建一个"维度体系"把"小城镇"的"多影响因子"按一定的特征和标准进行归类，从而来观察是否可以在各个维度层级剖析出小城镇项目的影响因子，从而再在厘清变量的基础上寻求通过什么样的方式形成这种复杂的兼容性统一？从而通过实践找到与之适应的工作方法。

### 3 小城镇复杂性的七个维度

#### 3.1 零维——决策维度

"零维"是一个点的问题，引申到建设领域的意义就是"有什么？"，这是首先要解决的"存在性"决策维度。在常规的建筑设计中，这个问题不是由建筑师来回答的，建筑师在拿到一个项目的时候，该项目已经被发改委立项，被规划局批准，"建筑"已经在决策层面上"存在"，建筑师要解决的就是"如何解决问题？"，而并非"想要解决什么问题？"，所以"零维"在建筑设计中一般是不存在的。但是在小城镇的项目中，具有"规划建筑的合一性"。虽然首先也同样具有一定的规划流程，但往往是流于目标性、猜测性的，因为这种带产业带运营的新的空间类型很难做出精确的判断，大量的小镇建设，往往是政府按照规定模板提个大目标，接下去落地层面就是"规划建筑一把抓"。

小城镇项目的七大维度

在枫桥古镇项目中，我们首先提出了枫桥古镇的发展策划，并且围绕我们前期调研成果提出的"留得住乡愁，看得见发展"的总体目标，制定了匹配目标的项目策划并制定了落地实施计划。建筑师们承担了大量的规划工作，并且拥有了更大的项目建议权力，大量的落地的建设子项，由建筑师提出并且付诸实现。所以我们在很多项目中花了大量的精力在论证"有什么？"或者是"该不该有？"的问题，很多时候超越了建筑学的范畴，而在行使一个政府决策者的职责。

在诸暨枫桥古镇的改造中遇到过一件有意思的事情。枫桥镇名为"枫桥"，却无法找到"枫桥"的具体地址和实物，但历史上对于枫桥的记载确见诸各史志和古籍。在进行了一系列的文献考据和走访之后，我们提出了在枫桥古镇入口处拆除原彩仙桥，复建枫桥的建议，论证了其"存在"的合理性，并提供了最大限度接近史志描述的枫桥复建方案。最终一个并无在原项目清单中的项目，从"无"到"有"地变成了现实，当二〇一八年十月一日国庆节正式落成之日，当地乡贤乡亲举行了盛大的祭祀活动来为新桥祈福。

## 3.2 一维——主体维度

建筑项目的主体很明确，一般为建设、勘察、设计、施工、监理五方主体。但作为小城镇项目，建设的主体就非常复杂。在建设主体方面，一般是各级政府，从省到镇一级，分别承担了政策制定、投资、审核、管理、资源导入等的相关各个部门；在工作主体上利用多方联合平台的构建，联合相关的诸如地产、设计、策划、基金、乡贤会、民间组织等企业或社会团体，通过开放工作平台、整体运营、分渠道管理、项目规划和实施进行全方位的运作；在使用主体上，又牵涉到小镇运营和使用的市民、游客、协会、孵化器、投资者、创客、运营商等方方面面的主体。而且往往这些主体可能是互相转化的，穿插在整个项目的过程之中，非常复杂。政府的引导、公众参与、投资方利益诉求，而最终这些主体的需求可能都需要通过设计师的工作加以协调和落地。

在枫桥项目进展之中，我们的大量工作除了面对具体的设计对象，更多的是面对各式各样的具体的主体——"人"，人是小镇的真正主人，人的需求是项目的真正出发点，一开始我们要做的是要去寻找相关的人的意见，把所有的人的要求进行综合和整理，形成项目任务书。然后在项目进行过程中，经常性地有各种人和人的意志的介入，需要调整，最终人的满意才是检验项目成败的真正标尺。当地领导对枫桥项目有句评语让人印象深刻："这是一个最少投诉的项目"，这样一个和小镇每家每户都紧密相关的项目，把"榔头敲到每户墙壁"的项目，"投诉最少"是一个非常朴实而又非常有力的标准，用再多的评价都无法掩盖民众的真实感受的表达，尤其在"枫桥"，我们深知这背后包含了多少政府管理者、设计师、工程队的工作和努力。

## 3.3 二维——技术维度

在零维和一维的层面上，我们探寻了项目诞生的两个方面：决策和主体。二维可以定义为是寻求技术支持的维度。技术维度对我们建筑来说，是既熟悉又陌生。对于建筑、规划、景观乃至各个和建设相关的专业，我们有很多的成熟技术可以借鉴，每个专业都有相应的理论依据、建构方法、过程管理、实施工艺等，但落实到小城镇项目，最大的困惑是如何融合和协同。专业的交叉、理念的差异、夹缝里的空白这些都是摆在建筑师面前的问题。浙江省在很多地区实行了聘任制的"总规划师"制度，有了在技术管理层面上的机制，在枫桥项目中，其实我们也充当了一定层面上的"技术总协调"的工作。在如此大量的技术面前，我们认为主要有以下三个方面非常重要：

### 3.3.1 理念共识

应用技术之前，首先要有技术理念的共识，"微更新"和"重协调"就是我们对于技术选择的一大原则。

微更新代表着小和细碎，小城镇往往不是一个全新的项目，小城镇的物质空间里蕴含着太多诸如自然地貌、老旧建筑、历史记忆、文化传承等，设计之初一般都会面对一个非常复杂的现状条件。这既不是大量城市有机更新项目中的推倒重来，也不是常规意义上的新建项目，我们在技术层面首先端正态度，抱着敬畏之心面对每一个细碎的对象。所以一开始大量的测绘、加固、修缮的技术工作不断地磨炼着建筑师们的心态。希望能最大限度地保护历史遗存和枫桥原生的文脉，让我们的工作真正做到关注恢复和调养，而不是大动手术，留给古镇自身生长更多的可能性。

重协调，关注的是古镇整体的理念，是真正"织补式"的有机更新。这其中包含着风貌协调、材料协调、文脉协调、生态协调、业态协调等方面。我们更加关注织补、关注延续，我们希望不管是对"老旧"的维修，还是新事物的植入，都能与古镇整体气质相统一，与原生文脉相关联，而且实现整体性的更新。

### 3.3.2 流程合一

小城镇项目的特点就是要见效快，流程短，但这也带来了观念上的短视和项目上的重复浪费，"一张蓝图绘到底"是一个美好的愿望，但目前的常规项目管理审批都普遍存在着一些问题导致这个愿望非常难以实现。这个项目上非常有幸有机会实现了一部分。在规划之前，小城镇项目一般都需要现有策划先行的过程，主要目的是说服政府明确目标，一般包含梳理现状条件、挖掘特色产业、形成空间结构、设想业态布局、初步经济测算、制定工作计划、建立工作机构和机制，实际上是把可行性研究报告、产业策划和初步概念规划提取一定部分组合而成的内容。在诸暨枫桥古镇项目的前期，我们就凭借着一本发展策划赢得了项目的设计权。策划取得认可后，将从总体规划、详细规划、城市设计、概念方案多合一进行统一设计，这与目前规划体系内所提倡的"多规合一"实际上是非常吻合的，接下去通过快速的决策机制，定下来就直接进入了施工图绘制阶段，这样保证了我们的大的规划思路得到了非常好的落地。当然这样的过程一方面是由于项目的政府管理机制的高效和灵活，另一方面也是我们得到了管理部门的充分信任。

### 3.3.3 专业协同

小城镇在设计对象的类型上和城市是一个级别的，除了规划、建筑以外，还包括了市政、交通、能源、安全、灯光、景观、智能、城市家具等所有建设领域内的设计项目，而且往往要求在短时间内所有设计都统筹完成，呈现的是一个完整的城市空间。大量的设计交叉协调和整体效果的把控都成为主设计师的另一个重要的技术工作内容。

### 3.4 三维——空间维度

空间维度是建筑师的长项，但建筑空间和小城镇空间还有很大的区别。一个是空间之间的关系差异，以及对既有城市空间的态度，主要的城市肌理和脉络其实已经具备，我们要做的是对原有空间的修复，对新建空间的衔接和织补；另一个是建筑空间和城市空间的尺度差异，另外也还要关注空间的情感关联。经过梳理，在小城镇的空间问题上，我们要着重注意三点平衡。

### 3.4.1 整体性和个性化的平衡

一般大城市的尺度允许在各个区域内形成一定的各自风貌差异，但在小城镇的较小尺度里，空间和风貌的整体性是第一位的，这也是之所以称为"特色小镇"的重要的外在"特色"表现，"具有个性化特色的整体性"是小城镇风貌控制的要点。在孝义路项目里，作为民俗风情街的定位，已经希望成为城市与古镇之间的空间过渡，我们选择了相对比较整体性的风貌，在天竺街的设计中，就强调了保留原有建筑个性的时代性，利用相对"轻"的方式做了细节的协调。

### 3.4.2 空间发展和保护的平衡

小城镇具有的人文情怀和空间记忆是其一大特色，也是"乡愁"的重要载体。所以首先要做好原有城镇空间的梳理和修补，小镇中历史保护建筑、街巷、水系、景观等空间要素混合在一起，需要设计师加以仔细甄别，统一考量。其次在新建部分，要有协调的理念，要用空间织补的有机更新技术，当然也需要有新的空间方式与现在新的城市功能和居民需求相对应。比如我们的大庙前广场的项目中，我们大力建议在古镇大庙前必须拆出一个空间节点，一方面作为大庙的前场，凸显大庙的建筑气场，另一方面也为古镇原住民创造一个公共交流的场所，所以保护和发展是一个辩证的关系，在保护的基础上求发展，在发展的同时反哺保护。

### 3.4.3 城市空间和建筑空间的平衡

小镇的建筑和城市空间更为紧密和互融，一个稍大的建筑空间也同样是非常重要的城市空间，小城镇项目中建筑项目一般都没有太强制性的红线概念，或者是具有灵活的自定义建设红线的可能性，与城市之间往往没有了明确的界限，而成为一个整体的设计对象。这就是整体性空间形成的基础，空间之间的关系是高于单个空间的意义的。例如小镇主入口区的公共空间塑造，从选址开始，我们都是以一种空间织补的方式来考量，通过打散的建筑形体，自然地与周边建筑尺度相协调，同时形成了留白的场所，与孝义路和青年街、枫桥相联系，成为城镇空间的重要组成部分。

### 3.5 四维——时间维度

时光流转，岁月更迭，凭户倚栏，看雪舞枝头，听雨打芭蕉……小镇的生活之所以吸引人，是一种时间的浸润，对过去的追忆和对未来的向往，很多时候，人的情感也就来自于此。小镇不是固化的、死板的，而是有生命的。有了生命，才开始有了建筑自身内部的运动，以及建筑与城市体的关联。小镇在决策、设计、建造、运行等全生命周期里面能做些什么？呈现一种什么样的状态？各个时期的关系又是怎么样的？

在建筑领域，目前绿色建筑、智慧建筑、可持续发展、健康建筑、装配式建筑、AI、BIM、大数据等新的技术的应用要面对的就是建筑运行周期内的问题。建筑物的时间维度强调的是建筑全生命周期内的各项参数的平衡。首先建筑物有明确的寿命周期，一般为五十年；其次有明确的评价标准，比如建设成本、碳排放量、空间利用有效率、节能参数、材料循环利用率等；再次建筑物完成目标寿命后也有明确的处置方式，或拆除或改建。但在小城镇项目的时间维度上考量的平衡要素要比建筑物更多且更复杂。

### 3.5.1 传统和现代的平衡

区别于建筑物，小镇是可以沿着时间维度往前看的，小镇都不是一两年的产物，特别是中国的小城镇很多都具备着上千年的建城史。小镇的历史是在这个地域里所有的传统的自然和人文的集合体，我们现在做的所有工作都是在这个基础上的再创造。如何传承是时间维度上首先要回答的问题。传统也并不是一味地守旧，现代生活的方式也实实在在地影响了每一个人，古镇活力的真正激发是需要尊重这样的改变。例如我们在枫溪路上做的一个村民活动中心，在形式语言上我们尽量想与周边协调的基础上做了创新，远看似乎是一个传统的房子，进入其中，传统老虎窗的现代式表达显得别有情趣，其中容纳的茶馆、图书馆等活动功能也是为了给居民一个新的活动场所。

### 3.5.2 建设和运营的平衡

站在时间轴的当下看，建设和运营的问题在设计之初就显得特别突出。一个小城镇的建设主体、资金来源都是非常复杂的，特别是建成后又面临着运营的问题，而且这些问题还不仅仅是项目本身策划过程中能解决的，还有着整个国家、整个区域的经济、文化、人口等诸多问题的限制。目前全国在学习浙江建设特色小镇的热潮中，有很多失败的案例，就出在运营过程中，变成了新的空城。也比如乌镇通过整体规划、企业化运作、互联网大会等IP的打造、资产资本化、特色多元产业联动等多种背后运营模式的探索，才成就了良好的运营状态。目前孝义路商业街开始在引导下逐渐完成业态的

①陈占祥. 马丘比丘宪章 [J]. 国外城市规划, 1979:1-14.

升级, 咖啡馆、文创店、老面馆等也在慢慢地开始充满生机地成长, 古镇青年街上的五角星楼也完成了蝶变, 从一个派出所的遗留变成了一个文创书局。在项目之初, 我们就一再强调运营的重要性, 非常令人欣喜的是, 虽然基础一般, 当地政府也开始重视并有了成效, 听闻紫薇山要做整体文旅开发, 枫桥学院已经建设过半, 这些都将为枫桥古镇的未来注入新鲜活力。

### 3.5.3 设计和自生长的平衡

不可否认, 和建筑物不同, 一个小城镇是不可能通过精密的设计短时间内完整打造的, 有太多的非理性、非设计的要素在共同作用。鳞次栉比的民居风貌、曲街窄巷的空间肌理也不是哪个设计师笔下的灵感闪现。小城镇设计要避免新区大手笔的开发模式, 尽量用"轻"的方式介入原有的空间。站在时间维度上往后看, 我们的设计需要有前瞻性, 这种前瞻性更多的是"留白"、"留线索", 在承接过去的同时, 也要给设计之后的未来, 创造自生长的可能性。这种"自生长"是有文脉的, 是同一根藤上长出来的瓜, 才是有生命力的。比如我们在枫桥前几年做了一些传统立面的修复和创新, 很惊喜地看到, 已经有很多居民按照我们的设计标准在恢复自己的住宅, 这就是一种被引导下的自生长。

## 3.6 五维——体系维度

五维可以理解为四维物体之间的相互关系, 或者是由各种四维物体组成的新的有机体, 如果放在小城镇项目来理解, 其实就是多种相关体系的关系。

拿建筑来说, 五维就是指建筑与建筑之间或者说是城市范围内建筑的体系。这是"建筑"正式突破"建筑"的限制, 而去追寻在群体中的关系, 这自然和城市规划产生了一定意义的重合, 建筑和城市从来没有分开过, 甚至建筑是先于城市而产生, 建筑学是城市学的重要起源。马丘比丘宪章中强调:"新的城市化追求的是建成环境的连续性, 意即每一座建筑物不再是孤立的, 而是一个连续统一体中的一个单元而已, 它需要同其他单元进行对话, 从而完整其自身的形象。"①从建筑出发的视角导致和传统意义上的规划有

城市各体系之间影响微弱, 城镇影响紧密。

重大的不同，传统意义的规划看重对空间、资源的划分和配置，而我们会更强调建筑之间、建筑与人之间的对话关系，落地性和可操作性也是在小城镇项目中更多地需要建筑师参与的规划设计的原因。

突破我们专业对应的具体的三维物质空间体系外，一个城市正常运转所拥有的生态、交通、能源、社会治理、产业、教育、防灾等体系小城镇都有，小城镇是最小的城市单元，"麻雀虽小，五脏俱全"。所以城市是一个大体系综合体。城市的尺度让我们很难感受到这些体系对一个单体建筑项目的影响，或者说很微弱，认为这些体系都是闭合的，自身运转的，或者说是前置性的。但在小城镇尺度下，尺度小显得体系很紧密，一不留神就触碰到了，就像生长在一起的一串葡萄，互相之间的影响就比较明显。

例如社会治理这个城市体系，枫桥以"枫桥经验"这一具有中国特色的社会基层治理模式享誉全国，枫桥的政府和居民就非常具有公众参与的意识。所以在枫桥小镇建设项目中给予了普通居民重要的决策权，设计了公众参与的各种机制，很多设计的细节都是在多元主体开会商讨以及现场与居民商量协调后才确定实施，一方面化解了社会矛盾，另一方面增强了设计的落地性。也有另一个两个小体系碰头的事情，我们本来在政府建设口子指导下做孝义路景观设计时候考虑了垃圾箱的形式和位置，结果由于城市职能的分工，导致最终由当地环卫部门出面选配和布置，形式上和其他景观设计有了一些不匹配。这样的设计细节里都存在着各种体系的交织，这在单一建筑项目里是很难理解的。

## 3.7 六维——情感维度

在六维层面上，也就是物理学的"思想"层面，不管城市还是建筑，都是因为人类社会的产生而产生的，人作为一个思维动物，所参与的建造活动必然是一种理性和感性的综合体，甚至在某一类型的建筑与城市或者是某一时期的建造中体现的情感层面的内容会多一些。这里的"情"不仅仅是建筑师的，也更应该是自然的、历史的、文化的、精神的，也更应该是面向所有人的情感归属。这是当下对建筑的更高的要求，它体现了对人精神性的关注。在小城镇对象上，人与空间的情感关联同样是具备的，甚至是更加强烈的。这种情感让我们在设计中无法回避，也是小城镇项目的更高的追求和最终的目的。

### 3.7.1 情感的聚落

人类的情感是通过群居复杂化的，聚落的形成是人类社会化的必然结果。一个小城镇聚落既有乡村聚落的乡土情感，也有着城市聚落的体系完整。在枫桥，大庙前的广场、枫溪江畔的垂柳、小天竺里的水井，当地人对小镇的情感就是通过空间里的一点一滴的事物寄托，也通过记忆慢慢流传……在设计中，也非常注重对当地人情感的保护和回应，现状存在的要予以保护利用，居民希望存在的也尽量地挖掘和塑造。

### 3.7.2 人文的承载

人文是产生于情感的凝结物，每个小镇都有其特殊的人文积淀，从而由内而外传递出独特的气质。浙江有太多的水乡古镇，于外人而言大多雷同，但于当地人而言却是自己的故乡，一眼就能识别。在枫桥，我们一直要把握的就是这种识别度，"枫桥经验"、"枫桥三贤"、"枫桥大庙"、"全堂武术"……人文的积淀形成了文化的符号和特征。对于文化符合的应用，我们不是去拼贴，而是强调去复兴，让地域文化真正再次融入当地人的生活和思想，释放出更强的当地活力。

## 4 结语

我们在最近几年的浙江省小城镇建设的实践中，面对小城镇这样全新的设计对象，确实感受到了影响因素的纷扰和评价体系的缺乏。尝试用维度去归类小城镇建设中涉及的方方面面，希望能相对系统地罗列出相关影响因子，并在这个基础上通过实践来探索和印证相应的技术方法，在本书中做了一些框架性的尝试。同时，枫桥古镇更新项目我们一直跟踪了五年多，感受深刻，案例丰富，作为这个维度体系理论的佐证。

改造后的枫桥古镇（来源：山嵩 摄）

『策划』

二〇一五
伊始
古镇是一张无法轻易落笔的白纸
建筑师开始酝酿复兴计划的雏形

# 枫桥古镇发展策划

　　二〇一五年十月枫桥的复兴计划伊始，不同于常规建设项目，政府最初只有强烈的古镇更新需求，而究竟怎么做却是一张白纸。"该不该有"和"该有哪些项目"成为枫桥古镇更新首先面临的难题。正如前文提及的"零维"层面，论证项目的存在性是我们设计之初的首个任务。经过深入实地的调研及对枫桥的深度剖析，我们第一次"自作主张"地为枫桥量身定制了《枫桥镇"现代古镇"发展策划》，试图逾越建筑师的常规角色，以"决策者"的视角与政府共同探讨枫桥的发展问题。

## 1 发展思路：留得住乡愁，看得见发展

　　在时间的长轴上纵览千年枫桥之沉浮，反观当下枫桥之困境。这座老镇曾经以其深厚的历史积淀和享誉盛名的红色经典而璀璨夺目，而今锋芒退去，生态、民生、产业等发展难题接踵而至。当我们意图回答枫桥"从哪儿来"和"到哪儿去"的问题时，实际上也是在探讨一个老生常谈的话题：保护与发展的辩证关系。我们提出"留得住乡愁，看得见发展"的总体发展思路，指引我们积极地应对枫桥保护与发展的矛盾，以发展求保护，以保护促发展。所谓"留得住乡愁"，是通过对历史文化资源的激活和原生居民生活的改善，唤醒古镇记忆，传承枫桥文脉；"看得见发展"，则是基于生态绿色人居构建、产业转型和旅游开发等举措，为整座城镇的未来谋发展（表一）。

## 2 破题要点：古镇联动"乡愁"与"发展"

　　明确了宏观发展思路之后，我们着眼于寻找一个合适的切入点，摸索一条引领城镇有机更新的线索。吴良镛曾谈到旧城更新"有机秩序"的取得，

"在于依自然之理持续有序地发展，依旧城固有之肌理，'顺理成章'，并不断以具有表现力之新建筑充实之。"面对枫桥的保护与发展，我们探寻并遵循其千百年来客观存在的"生长秩序"，并以顺应其内在规律和逻辑的引导方式激发枫桥潜在的原生生命力。由此我们寻找到"破解"枫桥复兴这一命题的关键点——古镇。

古镇既是"乡愁"与"发展"两大主题的资源集中地，也是打破"乡愁"与"发展"两大问题的破题点。我们希望探索一条"以古镇的更新为驱动力联动'乡愁'与'发展'"的枫桥特色更新之路。

### 2.1 古镇联动"乡愁"

#### 2.1.1 保留传统格局，留住生活记忆

古镇是"乡愁"的载体。在枫桥人心中，古镇老街所承载的不仅仅是生活状态，更是文化符号、小镇记忆和精神空间。因此，首先应恢复古镇传统建筑风貌，留住枫桥记忆、老街灵魂。

#### 2.1.2 传承民俗文化，再现经典历史

深度挖掘"枫桥经验"等红色文化和"枫桥三贤"等历史人文资源，最大化发挥资源优势，把握当下发展契机，开发古镇旅游，向世界展示枫桥传统的民俗文化，再现经典历史片段。

### 2.2 古镇联动"发展"

#### 2.2.1 三产共荣，创新发展

利用古镇开发，有效带动三个产业共荣发展。第一产业在香榧等特色农作物种植的基础上，配合旅游开发打造观光农业；第二产业突出轻纺、衬衫等当地特色制造业，结合文创产业，开发传统手工业的创意衍生品；第三产业打造全面、高端的旅游服务业，并融合枫桥特色的民俗文化产业。

#### 2.2.2 联动周边项目，推进旅游发展

古镇项目与周边其他文化旅游项目串联，衍伸发展民宿、农家乐、会展、

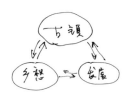

古镇既是"乡愁"与"发展"两大主题的资源集中地，也是打破"乡愁"与"发展"两大问题的破题点。

表一 围绕枫桥镇总体发展目标分解的项目框架

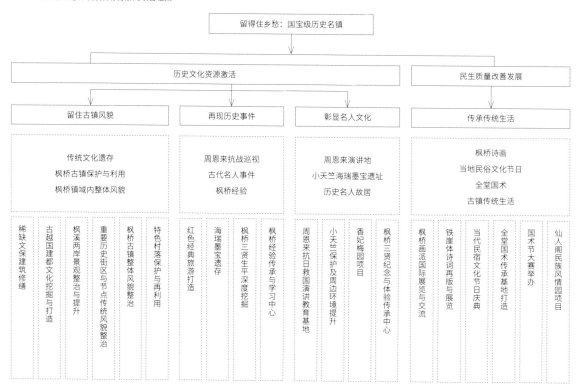

续表

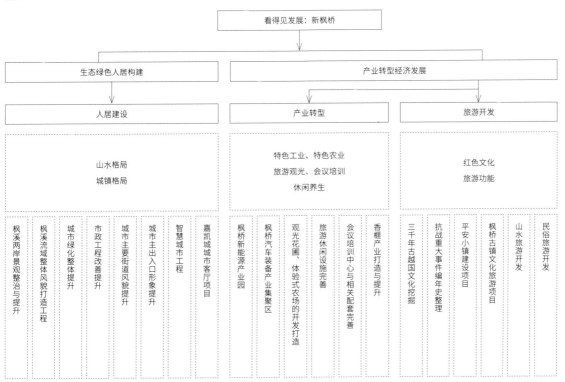

文创等多类项目，形成完整的旅游产业网络格局。在大幅度提升游客数量和旅游经济的同时，加速"平安小镇"等相关项目发展，打造文化、商务、休闲、养生"多位一体"的城镇旅游新格局。

### 2.2.3 透过古镇窗口，推广枫桥经验

以古镇为窗口，在充分展示"枫桥经验"历史事件的基础上，将这一红色经典的宣传模式和途径进行多维度拓展。比如推进"枫桥经验"产业化，在古镇内置入培训、展览、交流、影片放映等衍生业态，多元创新地开展"枫桥经验"的宣传推广；开展"枫桥经验"实景化，在古镇街巷等开放空间，利用海报、雕塑、墙体彩绘等方式，打造"枫桥经验"场景模拟，吸引游客"身临其境"地感受这一红色历史经典，真正从细节打动游客，在游览体验中开展宣传教育。

## 3 破题之举：古镇发展策略及实施计划

找到"古镇"这一破题点后，我们开始聚焦"如何发展古镇"这一议题。遵循"保护和利用并重，文化和旅游并进"的保护与再利用原则，我们从历史文化、风貌特色、整体目标三个维度梳理枫桥古镇的发展线索，提出"三贤故里、溪上古镇、和谐枫桥"的古镇发展定位。"三贤故里"是从历史文化溯源的角度，呈现恢宏的古越建都历史，弘扬"枫桥三贤"文化，传承枫桥民俗文脉；"溪上古镇"是从风貌特色营造的角度，构建山水环抱的人居环境，开发古镇传统资源和历史遗存，彰显古朴清雅的千年古镇风貌；"和谐枫桥"是由古镇带动枫桥全镇域发展的总体目标，打造环境友好、经济持续、社会和谐的新枫桥。

目标的落实需要在操作层面的具体引导。因此我们将"留得住乡愁、看得见发展"总体发展目标从历史文化、民生质量、生态人居、产业经济四个方面拓展为多层次结构的目标体系，从而细化为留住古镇风貌、再现历史事件、彰显名人文化、传承传统生活、人居建设、产业转型、旅游开发等七大项目系列，进一步罗列出与各个系列主题相匹配的大量落地性建设子项，并

表二 三年五年十年实施计划

| | | | | | | | | | | | | | | | | | |

2015 年　"枫桥经验"55 周年　2018 年　国家级历史名镇　　　2020 年　　　和谐新枫桥　　　　2025 年

上排（左起）：重要历史街区传统风貌整治与提升、枫桥两岸景观整治与提升、嘉凯城城市客厅项目、周恩来抗日演讲教育基地、稀缺文保建筑修缮、红色旅游开发、枫溪流域整体风貌打造工程、山水旅游开发、体验式农场的开发打造、铁崖体诗词再版与展览、会议培训中心与相关配套完善、枫桥三贤生平深度挖掘、抗战重大事件编年史整理、小天竺保护及周边环境提升、全堂国术传承基地打造、香榧产业打造与提升、城市绿化整体提升

下排（左起）：城市主要街道风貌提升、城市主出入口形象提升、香妃梅园项目、平安小镇建设项目、枫桥汽车装备产业园集聚区、枫桥新能源产业园、枫桥古镇整体风貌整治、古越国建都文化挖掘与打造、枫桥经验传承与学习中心、枫桥古镇文化旅游项目、市政工程改善提升、海瑞墨宝遗存、枫桥画派国际展览与交流、特色村落保护与再利用、国术节大赛举办、智慧城市工程、民俗旅游开发

"三年三步"计划

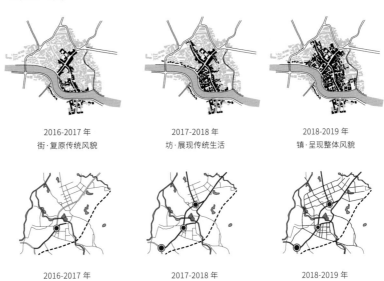

2016-2017 年　街·复原传统风貌　　2017-2018 年　坊·展现传统生活　　2018-2019 年　镇·呈现整体风貌

2016-2017 年　到达·塑造形象　　2017-2018 年　穿越·串联周边　　2018-2019 年　编织·构建网络

从古镇区域的"街-坊-镇"和城市界面的"到达-穿越-编织"两个维度设定子项建设时序，明确以古镇核心区、孝义路为基点，逐步拓展至整个古镇及其周边区域的渐进式更新策略。

项目分布（来源：山嵩 摄）

制定了三年、五年、十年的实施计划（表二），分步实现"迎接'枫桥经验'
五十五周年"、"申报国家级历史文化名镇"、"建设和谐新枫桥"的阶段
目标。

针对二〇一八年"迎接'枫桥经验'五十五周年"的第一阶段目标，我
们详细拟定了"三年三步"计划，从古镇区域的"街 - 坊 - 镇"和城市界面的"到

达 - 穿越 - 编织"两个维度设定子项建设时序，明确以古镇核心区、孝义路为基点，逐步拓展至整个古镇及其周边区域的渐进式更新策略。

　　古镇区域的"三年三步"计划：第一步，由"十字老街"着手复原传统风貌，通过十三个项目建设，针对古镇主要出入口、沿街沿江界面及重要建筑的进行传统风貌修复；修缮或重塑五显桥、采仙桥；整治青年街、和平路等主要街道路面景观。第二步，通过"坊巷激活"展现传统生活，梳理青年坊、任家弄等街坊格局；修复所有沿街、滨水建筑；对沿街巷的特色建筑进行修复再利用，置入民宿酒店、特色小吃店等业态；对古镇北广场出入口进行整治。第三步，通过"古镇全域"更新呈现整体风貌，基于前两轮开发建设的成功经验和发展模式，将整治提升工作向古镇的四大片区拓展，置入多元化生活服务和旅游服务业态，使古镇逐步呈现和谐统一的整体风貌。

　　城市界面的"三年三步"计划：第一步，沿古镇的"到达"路线塑造门户形象，打造枫桥南高速出口到古镇线路沿线的城市界面形象，为到达古镇参观游览的游客展示枫桥城市风采，主要项目包括沿线建筑立面、景观整治和重要门户节点形象塑造；第二步，以"穿越"城镇的干道为主线串联并重塑各个重要节点，理清穿越城镇主要区域的两条重要道路界面——绍大线和孝义路，并在此基础上同步整治与周边项目紧密连接的城市道路——枫店线和枫谷线，从而更好地串联古镇与周边景区；第三步，以"编织"方式梳理全镇域范围内的道路格局，构建城镇旅游交通网络，以古镇为中心，完善周边路网体系，整治城镇大小街道界面的形象风貌，形成紧密、高效、美观的城市交通构架。

　　以"三年三步"计划为蓝本，我们可清晰地罗列出每年的项目清单，并提出相应的设计策略和意向，这本发展策划成为切实可行的项目设计导则（表三）。《枫桥镇"现代古镇"发展策划》是整个枫桥古镇更新项目启动的先决条件，也是我们与当地政府建立信任的开端。编制策划的过程，实际上是我们第一次充当"决策者"抽丝剥茧为枫桥寻出路的历程，我们以不同以往的角度探究小城镇更新项目的复杂性与特殊性，迈出了复兴枫桥的第一步。

绍大线

新街

06

枫溪江

20 08

19

04

09

桥上街

孝义路

18

15

17

16

天竺路

枫溪路

钟埭路

表三 枫桥古镇更新一期建设子项清单

| | 已实施项目 | 建设时间（年） | 主要建设内容 | 改造前 | 改造后 |
|---|---|---|---|---|---|
| 古镇周边区域 | 孝义路 | 2016-2017 | 孝义路街接古镇入口与城市区域，定位为特色商业旅游街区。划分四个主题区段，从建筑立面及屋面改造、市政设施建设、道路交通梳理、景观绿化提升等方面进行更新 | | |
| | 绍大线 | 2016-2018 | 绍大线穿越枫桥镇的省道，环境提升工程包括市政非机动车道白改黑工程、市政强弱电管线改造、沿线建筑风貌协调、城市家具美化、景观绿化提升等六大方面 | | |
| | 桥上街 | 2017-2018 | 衔接孝义路与古镇五显桥，风貌更新呈现由城镇向古镇、由新中式向传统民居的过渡与转换 | | |
| | 天竺路 | 2018-2019 | 多为20世纪50-80年代建筑，通过更为轻松现代的手法，以"微创"的更新方式适当地保留了每幢建筑本身的特色，留住"古往今来"的时代印记 | | |
| | 钟瑛路 | 2018-2019 | 延续孝义路的青砖和白墙立面肌理，将两种元素相互咬合，呈现粉墙黛瓦的中式建筑立于青砖基座的清新淡雅之韵 | | |
| 古镇核心区域 | 青年街 | 2016-2018 | 青年街与和平路、新街共同构成古镇核心的"十字街区"。依照"修旧如初"、"功能激活"、"以新补新"原则，以41、43号房屋为试点，试验外墙、屋面、木作、市政等修复技术并全面推广，共计修缮沿街历史建筑33栋 | | |
| | 和平路 | 2017-2018 | 包括明清时期传统民居、省级文物保护建筑枫桥大庙、多层混凝土"筒子楼"等多种建筑形式，更新侧重于空间、形式、业态等要素梳理，实现与青年街、新街、五显桥的承接延续 | | |

续表

| | | | | | |
|---|---|---|---|---|---|
| 古镇核心区域 | 枫江沿岸 | 2016-2019 | 针对沿枫溪江两岸年代参差不齐的民居，基于各自特征进行风貌恢复，塑造"溪上江南"的古镇水墨意蕴，并保留埠头、栈道等水乡原生生活场景 | | |
| | 新街 | 2017-2018 | 沿用青年街"修旧如初"的原则，翻新屋顶、更换木门木窗、重新粉刷外墙，再局部加固、完善细节，并调整建筑的立面比例，勾勒"黑、白、赭"三色交融的古镇风貌 | | |
| | 背街小巷 | 2017-2018 | 包括西畴路、太和坊、徐家弄等交织于古镇深处的小巷弄，是古镇生活最真实的写照。设计以"轻介入"的微改造策略，营造传统古镇生活小情境 | | |
| | 枫溪路 | 2018-2019 | 与核心十字街区差异化定位塑造为"水乡生活体验区"，通过枫溪溯源、枫桥驿典故、溪畔市井生活等资源特征的梳理与再现，展现"千年枫桥驿，风雅人文溪"设计主题 | | |
| 重要节点 | 新枫桥 | 2018 | 经文献考据和走访调研，在枫桥古镇入口处拆除原彩仙桥，复建一座最大限度接近史料描述的"枫桥" | | |
| | 古镇主入口枫桥经验陈列馆 | 2018 | 在古镇入口先导区新建"枫桥经验陈列馆"，通过展陈空间的复合与院落空间的释放，实现古镇空间环境的有机"织补缝合" | | |
| | 小天竺前广场 | 2018 | 在枫桥著名景点小天竺入口区，移除原有杂乱无章的停车场地，打破以路为界线的场地限制，重塑"山门"、"鱼沼"、"石桥"等空间序列，强化入口广场仪式感 | | |

『起笔』

二〇一五—二〇一六

以孝义路与绍大线整治项目先行

白纸着墨

舒卷起笔

# 孝义路

　　孝义路，以枫桥孝子丁祥一、义士王汝锡的典故而得名。据《枫桥镇志》记载："元代乡民丁祥一，系进士丁南山之孙，其母双目失明，祥一每日早晚以舌舐母目，数年后母左目复明，不久右目亦明，里人杨维桢赋《丁孝子行》以记，府县上报于朝，诏旌'孝子之门'；另有枫桥人王汝锡，少而端严，寡言重诺，得《春秋》精义，以义行义名为人称道。祥一、汝锡二人，一孝一义，声名远扬，遂枫桥古有孝义坊、孝义里，今有孝义路之名。"[①]

　　孝义路全长一点四七公里，南起绍大线省道，北至小天竺，是进入枫桥古镇核心区的必经之路。作为从新区到古镇的风貌、空间和功能相互承接的重要门户，孝义路成为我们开启枫桥古镇更新实践的首个项目。二〇一六年一月启动设计，二〇一六年八月动工，同年十月A段竣工，二〇一八年一月全路段竣工。二〇一六年年初我们见到的孝义路，用"破败落寞"来描述并不为过。沿路建筑多为二十世纪五十至八十年代的四到六层企业厂房和商住楼，电线在空中纵横交织，水泥路旁车辆杂乱无序地停放着。褪色的店招、斑驳的外墙、店门紧闭的开尔和情森制衣厂、门庭冷落的五金汽修店，无不揭示了老街已淡出时代洪流而日渐衰败。但庆幸的是，我们从五岔路口[②]"马路菜场"熙熙攘攘的人群中，捕捉到一丝小镇的原生活力，百业萧条的孝义路也许正等待着一次"浴火重生"的机会。

## 1 定位与布局

### • 发展定位

　　孝义路是衔接古镇与新区的纽带，承担着未来古镇旅游的引导和服务功能，由此我们确定其定位为"具有文化内涵、民俗风貌的特色商业旅游街区"，

①《枫桥镇志》是《枫桥镇志》编志领导小组编纂的地方志。记述了该镇的自然、政治、经济、文化、科技等各方面发展的历史与现状。
②五岔口为孝义路与桥上街、海角路交汇处。

孝义路的"四区段"与"五节点"：
四段分别为① 入口形象、② 活
力商业、③ 民俗工艺、④ 天竺
文韵；五节点从左至右分别为
孝义路口、五岔路口、古镇入口、
梁焕木故居、小天竺景区。

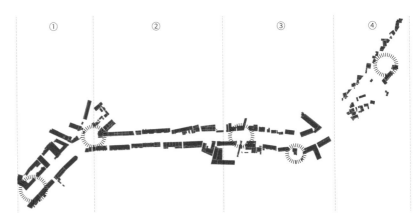

孝义路的"四区段"与"五节点"

并依照现状结构将其拆分为四段，针对不同区段的位置和特征分别拟定了"入口形象"、"活力商业"、"民俗工艺"、"天竺文韵"四个设计主题，从建筑立面及屋面改造、市政设施完善、道路交通梳理、景观绿化提升等方面对孝义路进行"全方位更新"。

- "四区段"与"五节点"

A 段为开尔大厦至五岔路口的"入口形象"区段，现状是情森制衣厂总部办公及厂房，业态预设以主力商业店面为主，展示商业街区的整体形象气质，打造景观序列感，形成入口氛围。B 段为五岔路口至古镇入口的"活力商业"区段，以休闲娱乐、餐饮、旅游服务等业态为主，打造丰富的慢行休闲空间，形成慢节奏、高品质、有活力的时尚商业街区。C 段为古镇入口至枫江大桥的"民俗工艺"区段，保留并开发梁焕木故居等历史遗存，展示当地民俗风情，将特色手工艺制品展售与游憩景观公园结合。D 段为枫江大桥至钟瑛路口的"天竺文韵"区段，依托小天竺景点，营造隐逸的禅意氛围，形成具有文艺小资情调的文化主题休闲区。

四个区段的转承衔接自然形成了全路段的五大重要空间节点：孝义路口由开尔大厦及三角绿地构成的"门户形象"节点；五岔路口大樟树下曾以"马

五金管材 20%，汽修汽配 20%，水电装修 10%，餐饮 5%，香榧烟酒 10%，住宿 5%，厂家 15%，其他 15%。

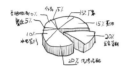

市政配套设施老旧凌乱，各类管线在老街的上空交错拉接，电线杆、配电箱、路灯、指示系统等设施杂乱无序且破损严重。

孝义路原状业态

"人车混行"的交通组织形式存在严重的交通隐患

市政配套设施老旧凌乱

路菜场"聚集人气的"活力氛围"节点；衔接古镇入口区的"古镇风韵"节点；激活梁焕木故居历史遗存的"民俗风貌"节点；以及围绕小天竺景区塑造的"人文气韵"节点。

## 2 城镇系统更新

### • 业态构成

孝义路的活力激发首先要解决业态转型升级的问题。我们对孝义路的现状业态进行了数据采集和分析，其主要问题包括：五金汽修装修类业态过多，对旅游构成负面影响；餐饮、文创、传统手艺等旅游相关业态太少，且品质较差；有一定的无关业态与空置率。

因此，我们提出了相应的对策，遵循"特色商业旅游街区"的定位，以游客的需求为出发点，分区段分主题调整现有业态。首先，将五金、汽修、装修等负面影响的业态挪至本路段之外；其次，提升现有餐饮、民宿、特产等旅游相关业态；最后，鼓励厂房底层办公、空置房等向旅游相关业态发展。

孝义路五岔口原状

• 交通系统

　　孝义路作为古镇入口交通要道，"人车混行"的交通组织形式存在严重的交通隐患；店铺与道路间多为土路且堆放杂物，行走体验不佳，也影响店面与街道形象。对此我们建议将现状车行道路宽度进行小范围压缩，车道两侧设骑行道与人行道，车行道与骑行道间用绿化分隔，局部绿地放大形成口袋公园。考虑到未来古镇的旅游需求，我们将部分闲置的场地改造为集中式停车场，有效地疏导老街的交通，同时消除了违章停车的乱象。

• 市政系统

　　孝义路的市政配套设施老旧凌乱，各类管线在老街的上空交错拉接，电线杆、配电箱、路灯、指示系统等设施杂乱无序且破损严重，市政系统的更新升级已刻不容缓。我们的市政专业团队逐一排查各项设施情况，全线增设卫生间、服务中心、公交站点、自行车租赁点等配套设施；重新梳理并完善雨污、弱电、电信、监控、燃气等管线敷设；全线落实管线"上改下"，剔除了诸多隐患，还老街一个开阔的天空视野。

## 3 建筑风貌重塑

作为古镇门户形象塑造的重点工程，也是我们的第一个项目，孝义路的成败备受关注。对我们而言最大的难点在于整体风貌"调性"的把控：如何将四到五层的商住楼和厂房通过适度地改造更新勾勒出古镇的温婉气韵？我们并非一味追求传统而去做形式上的描摹，而是在城市格局与古镇意蕴之间追寻平衡。在总体把控"粉墙黛瓦"和"青砖叠砌"形成的"灰白相间"的沿街界面节奏后，"量体裁衣"地为每幢楼定制更新策略（表一）。

更新方式大致可归纳为以下四类：

第一类，针对现状较完好、非主要节点处的标准段建筑进行"普通改造"，即遵循适度改造的原则，通过加建底层商铺檐廊、立面增设空调机位以求对其建筑功能的完善，通过立面门窗、花箱、墙体的美化以及屋面系统的改造等措施使其符合古镇形象要求。

第二类，对位于重要空间节点的建筑进行"重点改造"，这些建筑对空间节点的烘托作用与古镇氛围的营造起到了一定的积极作用。因此我们置换了部分建筑的功能，采用现代建筑手法和本土材料的运用对其进行立面重塑，同时在建筑之间增设景观小品，以更为轻松的方式打造古镇新形象。

第三类，对于有一定历史价值的建筑进行"保护更新"，这类建筑作为古镇特有的记忆元素和重要的历史遗存应当予以保护。我们在结构加固的同时，通过建筑外围设施的增设、路面铺装的更新、绿化景观的打造等营造方式展开设计，还原一段真实而有趣的古镇记忆。

第四类，对极少数风貌较差且所处位置影响古镇的整体塑造与发展的建筑进行"拆除处理"，让位于古镇的发展。

风貌塑造过程中的诸多细节思考，实际上也蕴含着我们对社会问题和百姓诉求的关注与回应。在建筑沿街面增设的一层或两层的仿木檐廊，削减了多层建筑的体量，实现从城市到古镇界面尺度自然过渡的同时，也成为深受

孝义路建筑风貌重塑分类

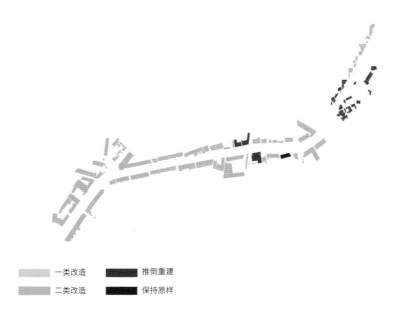

一类改造　　推倒重建

二类改造　　保持原样

表一　一类、二类改造典型做法

| 类别 | | 子项 | 一类改造典型做法 | 二类改造典型做法 |
|---|---|---|---|---|
| 改造内容 | 屋面改造 | 平改坡 | | ● |
| | | 坡改坡 | | |
| | | 坡屋面翻新 | ● | |
| | | 平屋面翻新 | | |
| | | 坡屋面喷漆 | | |
| | 外墙改造 | 墙面刷白 | ● | ● |
| | | 陶制方砖墙面（面砖） | ● | |
| | | 新砌青砖墙体 | | ● |
| | | 防腐木饰面 | | ● |
| | | 刷深褐色涂料 | ● | |
| | | 新做勒脚 | ● | ● |
| | | 新做山墙墙垛 | | ● |
| | 外装构件 | 新做披檐 | ● | ● |
| | | 新做骑楼 | ● | ● |
| | | 新增装饰柱、挂落、栏杆 | | ● |
| | | 新做店招 | ● | ● |
| | | 新增空调机位、花槽 | ● | ● |
| | | 新做压顶 | | |
| | | 新做金属雨水系统 | | |
| | 门窗改造 | 更换铝合金门窗 | | ● |
| | | 新做门窗套 | | |
| | | 新做门楣、窗楣、窗台 | ● | ● |
| | | 新增气窗 | | |

孝义路景观新旧对比

百姓喜爱的纳凉闲谈的绝佳场所；屋顶的"平改坡"着实是塑造古韵风貌的重要举措，也顺便"收拾"了许多违章搭建的屋顶构筑物，并为居民预留了露台或阁楼的使用空间，将更新工程常见的民众矛盾降至最小；我们仔细考察每户房屋的空调使用情况，重新规划空调机位并进行统一的精细化设计；景观引入水系和慢行系统，为居民们带来了嬉水观鱼的生活新象。

**4 景观环境的再造**

孝义路的地面景观系统，在更新改造工程之前，几乎没有被系统地考虑过。从一侧到另一侧，补丁状的水泥地铺满了整个地面。没有绿地，没有标线，甚至没有保障行人步行安全的人行道。与其说是街道的更新，更像是一次街道景观系统的全新设计。我们希望通过对孝义路景观环境的再造，一方面完善其作为城镇商业街道的基本功能；另一方面也为孝义路沿线居民提供一定的城市街头公园空间。

纵观孝义路全段，景观设计的总体布局按照地块现状及周边的商业，形成"点、线、面"相协调的景观格局。点，即重要的空间节点。结合孝义路入口、五岔路口、枫桥经验纪念馆、梁焕木故居、小天竺等重要空间要素，着重打造主题景观节点；线，即景观系统沿街道线形展开。根据不同的空间特点，连续设置车行道、人行道、景观绿化带、景观水系等景观要素，形成贯穿整条孝义路的景观线索；面，则是根据孝义路空间特征将其分为四段，并赋予每段不同的主题，形成不同的景观氛围。从孝义路的入口开始，依次为入口形象段、活力商业段、民俗工艺段与天竺文韵段。

入口形象段从孝义路入口至五岔路口为止，主要通过主题的水系景观带、主题雕塑、置石景观点以及线性阵列状的种植来烘托街道气氛，起到引导进入、展示孝义路气质的作用。活力商业段从五岔路口至枫桥经验陈列馆为止，考虑到此段两侧居民楼较多，路旁商业丰富，属于人流密集型的区块，沿街商业的景观根据不同的业态设置相应的点来创造人的停留空间，以点为主、以线为辅互相穿插，形成一个慢行的商业休闲空间。民俗工艺段从枫桥经验陈列馆到枫江大桥，相对之前两段人气较弱。作为区域内街道宽度最大的一段，这里设置大块面的绿地，把绿地与商业街及周边的业态相互融合，强化和周边民俗工艺品店的联系。植物种植以自然的方式处理，强调生态型及可持续性。剩下的是天竺文韵段，重点处理小天竺入口及公园的景观改造，保留原有的大树，增加植物的层次，打造成一个禅意的人文景点。在景观的总体设计上，我们还注重历史、文化、标识等元素的植入，并在路灯、铺装等细节设计时进行体现。

## 5 结语

孝义路的更新历程凝聚了建筑、景观、市政、交通、泛光等十余个专业设计师的力量，历经无数日夜的"专业协同驻场设计"。工作之余走入百姓家中聆听诉求、调解纠纷，我们第一次体会到小城镇更新之路的艰辛，也很欣慰地看见孝义路正在焕发新生。

竣工不久后的孝义路开了第一家咖啡厅，我们在五岔路口倾心打造的"枫桥记忆馆"参观者络绎不绝，居民们自发地开了些小店，而景观池的水和鱼儿时多时少，许多精彩的故事正在发生……

孝义路末段（来源：陆剑扬 摄）

孝义路景墙（来源：赵强 摄）

# 立面改造

## 1 设计定位

在枫桥古镇的整体策划中，我们将孝义路定义为通往古镇的前置路段、必经之路。从枫桥南北高速口进入枫桥镇后，经由孝义路进入古镇最便捷，而且将来可以容纳一定量的大巴车流，孝义路的现状风貌无法担当起这样的角色定位。

街两旁建筑立面以各种颜色涂料和二十世纪末随处可见的白瓷砖为主，立面上不时出现一些违章搭建、俗气的金黄色琉璃瓦装饰、散乱随机出现的大量空调外机，无法给人一种"即将要进入古镇"之感。改造后的孝义路整体风貌，需要它既具有江南传统民居的建筑韵味，又与路两旁高大的建筑体量相适宜。

## 2 屋顶改造

传统建筑中，最具标志性的便是它的第五立面——坡屋顶，如果整条街都是现代的平屋顶，那传统韵味将无从谈起。因此我们有选择性地将两旁建筑的平屋顶改成坡屋顶。坡屋顶经由结构复核，尽可能使用轻型结构，坡屋顶的斜率则参考了枫桥古镇的传统民居。在对枫桥传统民居进行详细的测绘之后，提取了它的曲线，然后针对孝义路建筑的进深进行了一定的转化，得到了每一栋建筑各自的屋面曲线，最后，再根据街道整体天际线与小青瓦屋面排水要求进行了微调。坡屋顶受到了住户的欢迎。原先的平屋顶建筑顶层，在南方的酷暑中几乎无法正常居住，而坡屋顶的出现，相当于一个隔热层，既解决了夏天顶层的酷热，又加强了冬天的保温性能。同时，屋顶的排水和防漏性能也得到了大幅提升，这在梅雨季将会发挥重大的作用。

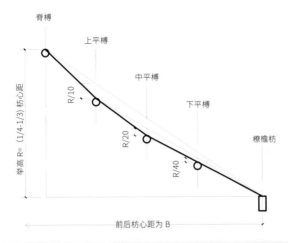

参考古镇传统民居屋面曲线

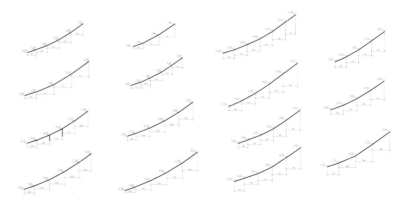

转化为孝义路屋面曲线

孝义路建筑改造前后对比

### 3 立面比例调整

屋顶有了，街道的天际线产生了非常优美的变化之后，如何削弱现状建筑的巨大体量感成了最突出的问题。传统建筑中很少有高楼大厦，即使有，也通过层层叠叠的屋檐将体量化解得非常巧妙。这给了我们设计团队以灵感——不增加新的设计语言，而是继续使用坡屋面，小尺度的坡屋面，在不同的高度上进行尺度的消解。

以孝义路起始段第一栋与第二栋这一组建筑为例。建筑高度为四层和五层，远远超出了传统民居建筑的尺度，而且建筑面宽方向无节奏，结合较为生硬。设计之初，面宽方向，我们将四层与五层两栋进行划分，然后把四层建筑的圆形边跨进行"割离"，通过青砖材质，将这一组建筑分成了两宽两窄四部分，得到了疏密有致的水平向节奏划分。传统建筑立面一般具有柱廊与经过划分的木饰面等，因此不会出现特别大的整面，因此接下来，我们对两组宽面进行垂直向比例划分，以化解大而无当的敦实感——使用了已有的坡顶檐廊与顶层木饰面。值得注意的是，由于四层和五层需要的比例并不相同，在四层我们使用了单层檐廊，而在五层使用了双层檐廊。檐廊在建筑底层进行了连续的布置，形成几乎贯通整条街的一层檐廊。

檐廊不仅是对立面比例的解答，更重要的是出于居民生活与将来旅游商业的考量，使得雨天逛街成了可能，也给街两旁将来的商店提供了天然的门前停留空间，大大提升了整条街道的功能性。

### 4 装饰系统与节点构造

在这些改造动作之后，仍有很多现实问题需要解决：建筑的窗户五花八门，有蓝色的，也有绿色的，而且不乏很多破损的；墙面上到处可见的空调外机，毫无遮拦地强调着它们的存在感。我们用全新的仿木色铝合金窗替换了原来五花八门的旧窗户，同时为了提高窗户的使用耐久性，给大部分没有挡雨的窗户增加了窗套；所有的空调外机都通过两种空调机罩进行遮蔽：一种是单个的仿木格栅式的机罩，一种是传统民居中的美人靠形造作为机罩。

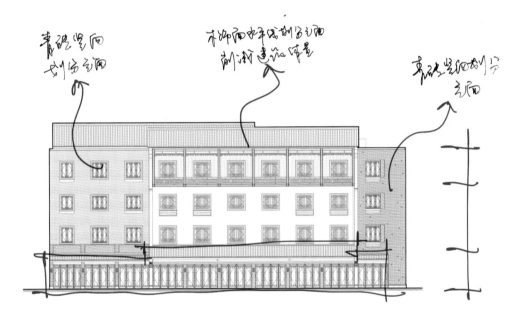

孝义路立面比例调整

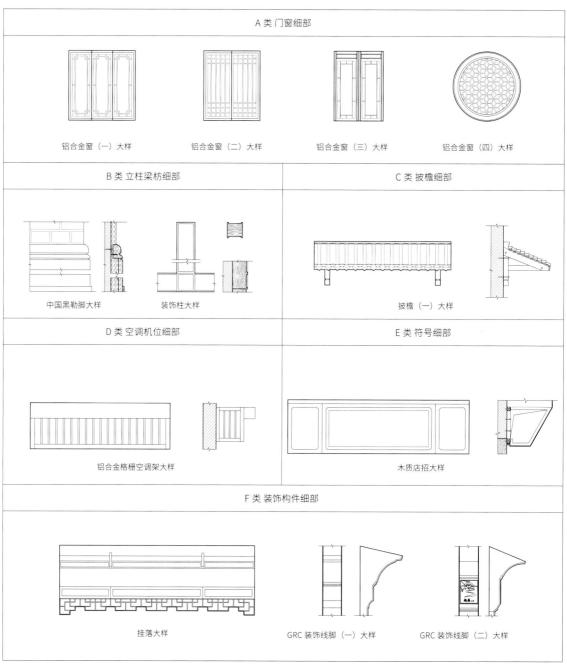

细部做法大样

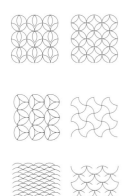

小青瓦样式

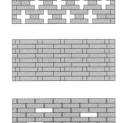

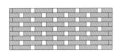

青砖样式

这些具有很强实用性的立面装饰细节，通过统一的细节推敲，与层层叠叠的坡屋面一起，组成了整个孝义路和谐的风貌语言系统。

传统建筑风格需要的细部很多，我们对各种细部进行了整理：

A 门窗与窗套、门洞系统；

B 立柱与梁枋等线性构件系统；

C 披檐、檐廊等小屋面系统；

D 马头、牛腿、挂落雀替等装饰构件；

E 空调机位系统；

F 各种窗花、花纹与曲线等符号系统。

## 5 材料系统

传统建筑的材料相对简单，主要以白墙、木材、深灰色瓦片与青砖为主。在整条孝义路中，视觉感受以白墙为主，木材为辅，深灰色的瓦片与青砖为点缀，除白色涂料以外，其他三种材料都可以进行一定的材料变化，展现出很强的表现力。

A 木材：基本上以传统建筑木编装为参考，进行一定的简化。

B 小青瓦与陶制构件：小青瓦不仅可以作为屋面材料，同时作为铺地、漏空花窗图案等也具有非常强的装饰作用，传达出强烈的中式意蕴。陶质构件一般作为压顶等线条构件。

C 青砖：青砖的表现力非常强，在建筑立面上可以作为街道色彩节奏的"重音"，在景观中可以作为各种景墙，进行空间的划分。青砖的细部构造具有非常多的式样，可进行疏密、凹凸等各式各样的变化，既可以传达出坚固感，也可以表现轻盈感，在整条孝义路上，我们在多处进行了青砖细部的设计。

孝义路建成之后，我们欣喜地发现，居民的生活状态因此发生了很大的变化，小小的一道檐廊，几乎成了居民生活的重要场所。它不仅是雨天的交通要道，也是商店顾客驻足的地方，最重要的，住户每天饭后闲暇时，会把

山墙，气窗，青砖，黑瓦（来源：赵强 摄）

板凳和椅子搬出来聚在一起聊天，小孩子们会绕着柱子来回嬉戏，更有创意的，人们支起了牌桌，檐下空间直接变成"露天棋牌室"。立面改造除了塑造传统建筑韵味之外，还把街道的生活气息找了回来。

# 驻场设计

　　小城镇项目拥有非常强的在地性，设计过程中既要真实地反映当地复杂的自然环境、新旧建筑关系，更要深刻挖掘属于它本身的历史文化记忆，打造特有的文化 IP。这势必要求设计团队能充分拥抱项目本身，融入其中切实地感受项目的精神内核，通过一定量时间的积累和磨合才能赋予它新的文化意义、触发新的社会能量。因此在枫桥小城镇更新实践的前中后期，我们始终坚持一定时间量的驻场设计。

　　在项目前期策划过程中，设计师对踏勘项目现场进行了大量测量测绘工作、走访当地乡贤组织交流建设经验、与城建领导干部和各小户业主协商落实设计条件；在项目中期方案落定过程中，驻场设计能快速高效衔接各参建单位的意见，并做出调整，保障项目快速推进；在项目后期建设过程当中，因为小城镇更新的建筑条件十分复杂，改造过程中往往会出现设计与现状不符的情况，需要设计团队根据最新条件做出方案调整，快速反馈给现场，避免二次返工。在孝义路的施工过程中，我们项目团队驻场期间无时无刻不穿梭在各个工地之间，通过上人孔进入每个平改坡的屋顶，攀爬在充满铁锈的脚手架上，为的就是第一时间复核设计条件的准确性以及结构安全的可靠性，大大保障了项目推进的质量和进度。另外过程中比较有意思的是，设计师被赋予了一种全新的社会角色参与到项目建设中来。我们需要配合当地干部解决使用者各式各样的需求与矛盾，项目中给予了普通居民一定的选择权，很多设计的细节都是现场与居民商量协调后确定实施，一方面化解了社会矛盾，另一方面增强了设计的落地性。

现场设计的工作模式

# 开尔大厦的钟楼

　　犹记得二〇一五年十月，设计团队第一次前往枫桥镇做现场调研，车子从高速南出口缓缓驶下，沿着步森大道行进了四五分钟，静静地望着窗外那些五六层高的建筑，整齐划一的城市界面在一抹淡灰之下显得有些黯淡，它们是改革开放时期小城镇高速发展的历史缩影,在现在看来有些萧条与寂寥。正当意兴阑珊之时，迎面伫立的开尔大厦四个大字牢牢抓住了我们的目光，八层楼的"U"形大体量建筑横亘在步森大道与孝义路的交叉口，仿佛一个将军镇守在此，大有一夫当关万夫莫开之势。大楼顶部有一个醒目的钟楼，底面漆黑而深邃，指针缓缓地挪动，这个小镇仿佛都在它的注视下，时间安静地流淌着，淡泊从容。

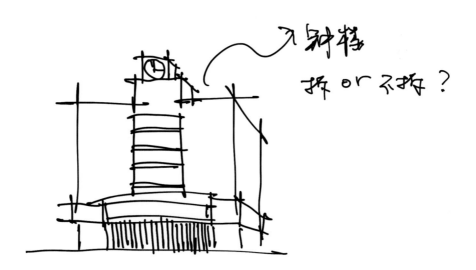

时光闪至二〇一六年九月的一天清晨，我们在枫桥镇政府边上的榴莲糖果酒店被电话惊醒，睡眼惺忪地拿起手机，电话那头传来一阵急促的声音夹带着焦躁的情绪："杨工，你快来开尔大厦顶上看一下，施工队要开始凿钟楼了，不能让他们乱弄啊！"放下电话后我们飞奔前往项目现场，刚才打电话的正是开尔大厦的何老板。孝义路立面改造工程开始这一个月来，他每天骑着小电驴奔走在泥泞的施工道路上，穿梭于各楼之间，与镇政府人员、设计师、施工队打成一片，交流各种施工细节，关心项目进度和质量。毕竟这些楼宇都宛如他亲手带大的孩子一般，他对它们有着浓厚的感情和记忆。

开尔大厦对这座城镇而言记录了太多的历史，见证了这个衬衫之乡从辉煌到平凡的过程。尤其这个钟楼，它带着岁月的痕迹，历久弥新，虽是壮士暮年，但仍端庄而安详，所以对它的改造方案，我们始终怀揣着敬畏之心。最终设计方案经过了市里各专家组的六七轮上会讨论，就建筑风格、文化符号、是否保留钟楼、是否在孝义路口设置牌坊等问题展开了激烈的讨论，最终为了迎合"三贤故里、溪上古镇、和谐枫桥"的定位，打造更加完整的枫桥古镇入口形象，我们一同定下了现在舍弃钟楼的新中式风格，其过程之艰辛，令人难忘。今天何老板的一个电话，又隐隐戳中了我们心底的思绪，虽然之前已经跟他交流并确认过方案，但他是否又变卦或者对钟楼还有无比的眷恋？

带着这种思绪，我惶惶不安地赶到现场，一口气爬上了顶楼，累得气喘吁吁。这不带电梯的八层楼，这些天真让人好生"消瘦"。刚一出楼梯间，何老板马上拉着我们的手询问："他们这么凿着钟楼会不会对我主体结构安全有影响？会不会漏水？"听到这里我们也算把心里的石头放下了，不是对方案的纠结！施工队斯老板正单手叉腰，挺着啤酒肚在那里指挥施工员戴师傅用钻机一点点在那里凿，砰砰砰的声响振聋发聩。因为整个钟楼是钢筋混凝土建筑，去凿它显得那么困难，也许冥冥之中是这位时代见证者最后的倔

施工中的开尔大厦

改造后的开尔大厦（来源：赵强摄）

强吧。斯老板看到我们来，也立马跑上前，一边解释施工符合安全规范，防水措施都会严格按照要求重做。另一边又抱怨这个钟楼太结实，这一凿下去他大几万块人工费又没了。

到了傍晚，钟楼也差不多凿完了，我们跟何老板一起爬上了钟楼平台，望着眼前的一片断壁残垣、破碎的混凝土、裸露的钢筋头以及停在上边的飞虫，一切显得萧索与寂寥，仿佛夏末的蝉鸣停止了最后的叫嚣。转过头去，我们瞥见何老板，这个快五十岁的中年男人眼角湿润，我们也心头黯然，引发了我们对建筑师处理此类改造项目、在履行社会责任的基础上应更多地加入人文关怀的思考，努力去权衡理性与感性的关系。

全国小城镇建设经验交流现场会那天，在孝义路口望着眼前焕然一新的场景，何老板由衷地对我们说了一声谢谢，正是这次枫桥古镇更新的历史机遇，让他看到老建筑还能焕发出新生。已经有返乡投资商跟他商讨过开尔大厦改造成酒店、展厅的事宜，我们也期待着孝义路在实现全新的业态升级后能成为一条极具活力的民俗商业街，伴随枫桥旅游、文创规划和项目的整体落地，带给我们更多的惊喜！

# 枫桥记忆馆

　　枫桥记忆馆坐落于孝义路五岔路口，浙江情森制衣有限公司旁，它的前身是情森服饰超市兼一百连锁海角村便利店。对它的印象缘起于一次设计任务的增加，镇里希望选一栋房子改造成枫桥记忆馆，用作布置枫桥历史记忆展览的场地，同时也作为全国小城镇建设经验交流现场会的主展馆。在现场踏勘中，我们一眼便选定了这栋房子，三层楼五开间，体量上正合适。它的边上是五岔路口广场，从桥上街的菜市场延伸出来，路边有很多摆地摊的菜农果农，摊边熙熙攘攘地簇拥着很多居民，有在买卖的，有在闲谈的，也有在吹弹乐器的，仿佛这个小镇居民生活百态的缩影凝练在了这片广场之上。同时它作为情森制衣的附属用房，见证了制衣厂从曾经的鼎盛到如今的衰败，也侧面反映着"枫桥衬衫"这块曾经与"枫桥经验"、"枫桥香榧"三足鼎立的金字招牌的衰落。望着眼前的这片场景，一切显得恰如其分，仿佛冥冥之中它就会成为承载枫桥历史记忆的重要载体，而我们只需为它略施粉黛、镌刻内里、重新激发出它的活力。

改造前的枫桥记忆馆

改造后的枫桥记忆馆（来源：赵强 摄）

　　谈及枫桥记忆馆的建造过程最令人印象深刻的还是那扇铜环木门。二〇一六年十月十二日，距离全国现场会的召开已经不到两天时间，斯老板急匆匆跑来找我们杨工，满头大汗，"其他楼底层都是铝合金门，现在记忆馆改了方案要两扇一点五米宽的铜环木门，厂家定做送过来已经来不及，能不能调整一下？"认真思索以后我还是没有采纳这个提案，赶忙求助"枫桥百事通"周主任一起想想解决办法。思索片刻，周主任便提议让木工师傅自制两扇木门，我们再一起去古镇片区的老宅找一副老铜环，临时赶制一个。于是一下午，从青年街走到和平路，从太合坊窜到徐家弄，终于在枫溪路一

枫桥记忆馆的木门与铜环（来源：赵强 摄）

户老宅院中找到了一副合适的铜环，铜环表面在时间的镌刻下已经稍显发黑发绿，那栩栩如生的狮面雕刻展现着当时工匠技艺的高超，正合苏轼那句"江边晓梦忽惊断，铜环玉锁鸣春雷"。

铜环木门赶制出来已是十三日晚，不经意间与兽首对视，它显得古朴端庄而又不失威严，相信由它镇守的大门，可带来幸福和安详。夜已深，踱步在孝义路上，踩着尚且泥泞的地面，望着十几台吊机彻夜挥舞着，我们心中默默祈祷着，希望一切进展顺利，正如兽首铜环门的寓意那般，预示着明天的现场会福如人意、圆圆满满。

夏日的枫桥记忆馆（来源：赵强 摄）

# 家门口的檐廊

　　记忆中的江南水乡民居多傍河而筑，黑瓦、白墙、砖石木构都是它的符号。它临河沿街，在河沿的廊柱间设有栏杆可依的长条凳，形成一条给住户及路人遮风避雨、歇脚荫凉、人际沟通的水榭式檐廊。在孝义路乃至整个枫桥古镇的营建策略中，寻觅旧时乡愁记忆的点，诸如静听潺潺流水声、午后屋檐下的小憩、雨中屋檐那连绵的雨线等一直引领着我们的思考。因此在孝义路改造中，我们在底层建构逻辑中嵌入了完整的檐廊体系，一方面它相对开敞的有顶空间能起到遮风挡雨、采荫纳凉的作用；另一方面可以使建筑与街道之间的空间关系变得柔和而亲密。而特有的檐下空间也给人一种"幽玄之美"，日本作家谷崎润一郎曾在《阴翳礼赞》一书中有这样一段描述："虽然我们并非一概排斥闪闪发光的东西，但我们喜爱深沉暗淡的东西，而不是浅薄鲜明的东西。"[①]正是因为檐下空间的存在，建筑室内外恰如其分地在"幽玄"的氛围中铺呈开来，也正是这种光明与阴暗的交织才赋予了建筑空间深远的精神内涵。

　　在孝义路檐廊改造施工过程中也碰到了一些矛盾。二〇一六年九月那个炎热夏天的午后，B3 楼门前围了很多人，只见住户宣奶奶抱着家门口的一根柱子，苍老的声音拖着哭腔抱怨着："这些东西盖牢，老婆子以后怎么晒太阳呦？"周围的施工员都停下了檐廊搭建工作，杵在那里显得不知所措，幸好镇里的周小海主任及时赶过来劝慰，好说歹说把宣奶奶劝回屋里，我们也跟进去拿着效果图与宣奶奶详细解释了建成后的效果，渐渐平复了她的情绪。走出屋来，透过檐廊望向外面的街道，不禁思索：廊下那种静谧幽玄的空间或许是我们想创造的核心空间体系，但是这个框架下，我们是否能做到

①谷崎润一郎 . 阴翳礼赞：日本和西洋文化随笔 [M]. 生活·读书·新知三联书店 , 1992.

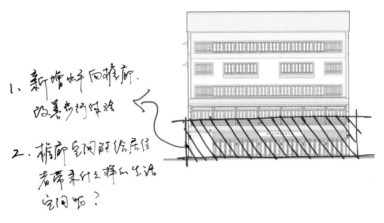

1. 新增水平向雨廊.
   改善步行体验

2. 雨廊空间能给居住
   者带来什么样的生活
   空间呢?

檐廊空间改造示意

更多地基于使用者需求的充满人文关怀的空间？带着这样的思考，我们设计组立即召开会议，讨论并商定了一些改进措施，比如适当协调整体比例，调高檐口的高度，使得阳光能够更多地照射进来，还原它作为住户午后小憩的空间功能；在尊重空间尺度的前提下，适当加大廊柱之间的距离，使得空间不那么"堵"。通过一系列的调整措施反馈给镇里工作组定夺并交代至施工现场，最终也获得了住户们的认可与支持。

这或许只是施工进程中的一个小插曲，但它带给我们一些不平凡的经历与思考。在小城镇改造项目中，设计师不再是传统意义上的画图员，更多地需要参与到现场，在宏观设计原则的指导下通过走访实地，与住户们交流需求，寻找到"富有本土意义的闪光点"、"体现人文精神关怀的设计灵感"、"激发社区活力的公共空间"等要素，最终嵌入设计的脉络中。也许这对小镇而言，更是一种有温度的设计，能让历史记忆中的场景与现代生活的需求产生时间与空间上的呼应和共鸣，这也是对传统与现代平衡设计价值观的体现。

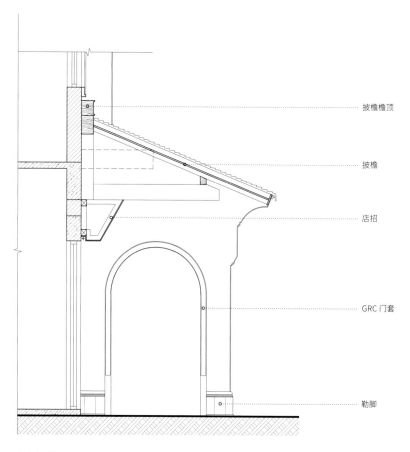

披檐檐顶

披檐

店招

GRC 门套

勒脚

檐廊空间剖面图

当地居民积极使用檐廊（来源：赵强 摄）

檐廊下的日常（来源：陆钊扬 摄）

檐廊下空间（来源：赵强 摄）

# 星乐咖啡厅

二〇一八年元月，离过年已经没多少日子，距离孝义路一期竣工也已经有两个月，四十天施工完成的快速工期确实导致埋了很多"雷"。我们正忙着对一期验收整改意见做落实排查，当从孝义路三十八号老李家的屋顶下来，检查了屋面变形和漏水的整改现场，又协调了老李和邻居间这两天闹得不可开交的屋面排水的位置问题后，下楼回到孝义路已经傍晚时分。

孝义路上我们设计的带着枫桥标志的路灯已经亮起，照亮了石板、小溪、细竹、鸢尾……昏暗中高低错落的建筑"人字坡"屋面从这个角度看过去特别地有感觉，空气中弥漫开饭菜的香味，恍惚间回到了儿时的故乡。我们欣赏着几个月来的环境改造成果，心中充满了类似"自家地里看媳妇"的自我满足感，一天忙碌的疲劳感也就烟消云散了。

突然老情森厂房大门口传来几声"噼里啪啦"的鞭炮声，欢快的唢呐声也随即奏响，"星乐咖啡厅开门喽！快走！"几个孩童从身边跑过，也带快了我们的脚步。果然，已经停业许久的情森厂房一侧，"星乐咖啡"几个霓虹字闪烁，映衬着我们刻意为之的清水砖墙，似乎颇有几分上海新天地的文艺感。门口鲜花铺地，鞭炮震天，一眼看到新上任的枫桥镇"金书记"，他也看到了我们，忙招手让我们进去。咖啡厅里面已经是灯火通明、高朋满座，见到我们进来，好几个熟悉的乡亲们都起身和我们打招呼，脸上挂满了藏不住的笑容，还有更多的是像模像样地体验着小镇第一家咖啡厅的新鲜感。

星乐咖啡厅开业现场

"来！我来介绍一下，这就是星乐咖啡厅的魏老板！"金书记把我和魏

老板拉在一起介绍认识，明显是大城市来的投资商，举止穿着显得得体且有
文化感，让来不及擦拭外套一身灰尘的我们感觉有些不好意思。一杯咖啡在
手，面对枫桥的话题，短暂的尴尬也就在咖啡豆的浓郁香味里消失殆尽。"星
乐咖啡厅"是金书记上任不久就亲自招商来的项目，想为孝义路为枫桥带来
一点不一样的文艺气息。看他兴奋地讲起招商的过程，讲起他的"文创枫桥"
的执政理念，讲起全季酒店、深蓝酒店、公益书吧、乡音馆等契合古镇旅游
发展的好项目也正在加紧落地，我们都陶醉在对枫桥美好未来的展望中……
临近分别，他拉着我的手说："我对你们一直提到的'物质环境改造只是开
始，小镇的活力来自于运营和发展'的理念非常认同，这家咖啡厅就是我的
一个小小支持！"看到这么接地气的领导，回想让大家认同设计理念的过程
艰辛，真的有一种深深感动。

　　虽然魏老板一再坚持请客，我们坚持付了咖啡的费用，对我们来说这是
一种支持枫桥新业态的仪式，一个非常好的开始。我们真正希望通过环境改
善民生，同时来引导新的生活方式、新的文化习惯的产生，这无法通过技术
解决，最终还是要这样靠一家家店、一个个枫桥人来主动参与，慢慢改变，
才能带来新的气息，实现古镇的真正复兴。

设计师们聚在孝义路上新开业
的星乐咖啡厅

# 陈记打面馆

## 1 枫桥面

　　陈记打面馆，在孝义路八十五号，五岔路口东北角。二〇一五年孝义路上还充斥着汽车修理店、五金店的时候，面馆就在那儿了。那时候街面无序且破败，顾客也不多且不固定，虽然位置在转角，但生意并不怎么样。有人说，枫桥的面，有故事、有文化，还有一种市井的味道。枫桥的面，不放咸菜，不放辣酱，街上的住户说："那种现成的东西，不作兴的！"配头一般多用千张丝、蘑菇片、笋片或者茭白丝、嫩南瓜丝一类的时令菜，用量很足，很对得起十几二十块的价格。枫桥的面在诸暨当地也有自己的特色，不仅受到枫桥本地人的欢迎，同时也远近闻名，与枫桥的香榧一起，成了枫桥的"名片"之一。

## 2 面 · 陪伴

　　二〇一六年整条街进入紧张施工状态，我们三天两头往工地上跑。早上到场，一条街的施工情况看下来，往往已经中午，肚子拼命叫。这时候，第一时间的想法就是去他家叫一碗冒着腾腾热气的面。施工场地紧张，很多堆料，要进他家不容易。左右腾挪踏进面馆，一般情况下面对的定是满座，这时老板总能带我们找到某个角落的座位，话不多说，面先点上去做，其他的慢慢想。

　　孝义路施工中后期，我们去驻场，大家更是天天往老陈记跑，左手边坐着施工，右手边坐着施工或者监理，一屋子工程人员，呼唤老板，或互相打招呼，都要拔高音量才行，也算得上"高朋满座"了。很多次，我们不经意间发现多上了一盘花生，起身结账时，发现早已被施工方买单了，十几块钱

陈记打面馆的招牌

价目表

**汤面类**
肉丝面……10元
番茄鸡蛋面……14元
榨菜面……12元
猪肝面……15元
香肠面……13元
肉春面……14元
香菇肉丝面……13元
大肠面……20元
大排面……20元
腰花面……20元
肚片面……20元
小排面……20元
虾面……18元
黄蟮面……23元
洞虾面……23元
三鲜面……23元
牛肉面……23元

**拌面类**
肉丝拌面……11元
猪肝拌面……16元
番茄拌面……15元
榨菜拌面……13元
番茄肉丝拌面……14元
香肠拌面……14元
腰花拌面……22元
猪肚拌面……22元
牛肉拌面……25元

打包加一元

**粉丝类**
汤粉丝……10元
香菇粉丝……12元
榨菜粉丝……13元
猪肝粉丝……15元
大肠粉丝……20元
腰花粉丝……20元
猪肚粉丝……20元
牛肉粉丝……23元

**另加类**
店蛋……5元
小排……10元
大排……10元
猪肝……6元
大肠……10元
肚片……10元
牛肉……12元
腰花……10元
鸡蛋……2元

**酒水类**
雪花啤酒……4元
新风黄酒……3元
勤酒……12元
雪碧……3元
冰红茶……3元
加多宝……4元
冬瓜茶……4元
椰子汁……5元
B36仔……5元
红牛……7元
矿泉水……2元
营养快线……4元

请保管好你的爱车
以防偷款
靠壁接东

陈记打面馆的菜单

孝义路改造后的业态更具多样性

一碗面，吃得心里生出暖意。工地上谈工作解决问题，紧密合作，攻坚拔寨，到老陈记大家开始拉家常，欢声笑语，我们和甲方、施工、监理等的"战斗友谊"就在老陈记的面汤气中得到升华。

面馆里不止拉家常。有天晚上，面馆店铺的房东找到了我们，说给他们加的阁楼他很满意，但是想提一个额外的要求，希望能给阁楼山墙加一个通风口，不用太大，能通风就行。这也给我们提了醒，这之后，所有的新增坡屋面都在沿街面背后增加了通风口，风口上设置防雨百叶。自从我们驻场之后，几乎每天晚上都有街上的业主来面馆里找我们聊天，张家的屋顶防水原先不太好，想这次一起修一下，李家的阳台没法遮风挡雨，我们便结合住户需求，现场和政府甲方协商方案修改的可能，能够调整的，现场出联系单。

## 3 后续

二〇一六年往后，整条街焕然一新，汽修店和五金店搬走，餐饮、纪念礼品等当地特色商店开起来，陈记打面馆还在那儿，而且生意比以前好。旁边还开起了咖啡馆、枫桥香榧店和枫桥老酒等。打面馆不光是一个解决吃饭问题、可供人们沟通的场所，还是枫桥原生态的一个有生命力的文化遗产。在我们的整体策划中，是属于要保护、传承的点。

很多生活和文化就是这么质朴，但实实在在影响着枫桥人的生活，我们的改造不光需要咖啡馆、艺术馆这样的新业态的引入，也需要陈记打面馆这样的属于枫桥人自己传统生活方式的传承。

# 雕塑、路灯与标志

孝义路的景观设计，除了堆山叠石，种花养草以外，不得不提的就是公共设施的设计了。一般来说，在国内惯常所见的景观工程项目中，这些其实算不上是景观设计的内容。要么交由相关专业设计，要么，就像孝义路项目启动时候那样，因为"要求不高"，被舍弃了。但其实它们又是非常影响设计品质和完成度的内容，所以，即使在"没有要求"的情况下，我们提出了建议，也主动担下了这本不属于我们的工作。这部分的工作，在经过慎重的考虑后，我们将重点放在了雕塑、路灯和标志上。

孝义路上本来设想放置许多雕塑。毫无疑问，人物雕塑是最能让老百姓接受的公共艺术传播形式。试想，在面馆门口放一张铜桌，对面塑着一个大快朵颐大口吃面的人，会不会让一个外地游客心有触动，也驻足于此，买一碗面，来体验品尝当地美食呢？又或在居民楼前，下沉的埠头景观边，塑着一位大娘蜷着身子，在"枫溪江"中浣洗衣物，会不会让久居于街上的镇民怀念起那儿时的水乡生活呢？除此之外，代表着枫桥历史的三贤，代表枫桥人日常生活必不可少组成部分的打麻糍、包粽子、赛酒拳等活动，也都设想着可以通过雕塑的形式，惟妙惟肖又易于理解地呈现，并且通过互动的形式，增强设计与人的联系。然而最终，这些雕塑由于造价、工艺、时限等诸多原因，并没有被放置于它们应该的位置，着实令人遗憾。

孝义路上本来也有两排玉兰灯。路灯的设计向来都是项目中容易被疏忽的点。由于厂家选型的局限性，能找到一种适宜的灯具，是非常困难的事情。玉兰灯的布置应当说是一次小小的意外，由于很难找到合适的选型，在工期

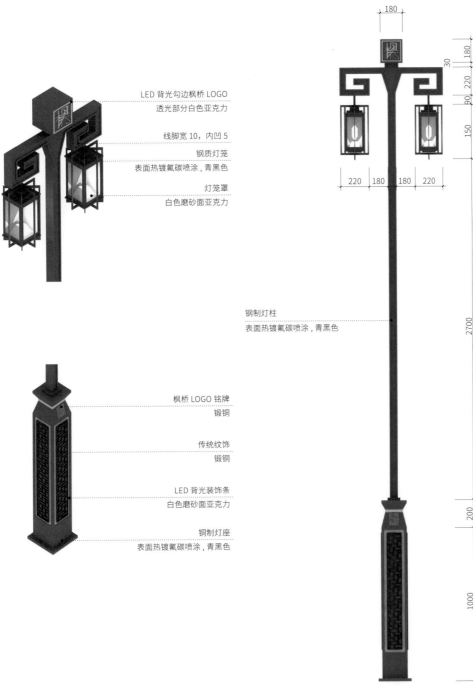

LED 背光勾边枫桥 LOGO
透光部分白色亚克力

线脚宽 10，内凹 5

钢质灯笼
表面热镀氟碳喷涂，青黑色

灯笼罩
白色磨砂面亚克力

钢制灯柱
表面热镀氟碳喷涂，青黑色

枫桥 LOGO 铭牌
锻铜

传统纹饰
锻铜

LED 背光装饰条
白色磨砂面亚克力

铜制灯座
表面热镀氟碳喷涂，青黑色

180
180
30
220
90
150
220　180　180　220
2700
200
1000

枫桥路灯设计图

（单位：毫米）

又很紧、来不及定制的情况下，镇里选择了玉兰灯，这样一个听起来似乎很稳妥的解决方案。但在我们的设想里，路灯应该是作为孝义路的背景出现的，风格与孝义路街道氛围统一，独具特色，又沉稳低调。因此我们也特别对灯具进行了设计，从造型到细节，都是为孝义路量身打造的，意图从设计上解决灯具与选型的不匹配问题。设计定稿后的路灯间隔十米一个，高约四点八米，照明部分采用传统的灯笼造型，分挂在云纹状分开的柱头两侧，亮起时与古镇静谧的夜晚相得益彰。镂空发光的铭牌、窗花纹装饰图案也在灯杆上昭示着"枫桥专用"的身份。在玉兰灯落成没多久以后，每个人都意识到，不合时宜的路灯对建成环境的影响。恰好边上同时开工的镇南路还没有路灯，这批玉兰灯就被移了过去，而孝义路上也按照原设计，换上了为它特别设计的路灯。

　　孝义路上随处可见各式代表着枫桥的标志。标志设计本不存在于建筑与景观整治提升的范围内，更多时候，这是土建建成后，广告、展示设计的工作。但我们执意要把这部分内容提前完善，并体现在建筑与景观设计之中。我们为枫桥设计了印章状的"枫桥"字样标志，设计了枫溪江与桥主题的阳刻版画标志，也设计了枫叶状的造型标志。为什么要做这些工作呢？标志其实就如同一份名片，将建筑、场所、设施紧密地同枫桥古镇联系在一起，代表的是枫桥的特征与身份，是枫桥文化传播最直接与有力的符号象征。最终即使部分简化，部分取消，大部分的标志也能得以保留，如小广场的地面上、景墙的立面上、路缘石的指示石上。

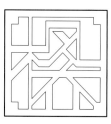

枫桥标志

　　雕塑、路灯、标志，它们是整个整治提升工程中相对微小的部分。在实施的过程中，有遗憾，有庆幸，也有满足。这些积极或消极的意外，虽不至于对全局有决定性的影响，但细节的魅力正在于此，有或无，或许最终不会影响使用，对整体品质的提升却是至关重要的。

枫桥标志在孝义路上的运用（来源：陆钊扬 摄）

# 一夜之间

二〇一六年的十月十四日，是一个让人大吃一惊的日子，至今回想起来都是充满了震撼和惊喜，大家也把它当作一段共同的快乐回忆常常提及，让我们把时间退回到十月十三日的傍晚。

那是一个战斗的晚上，孝义路一期工程的最后一天，空气中充满了机器的轰鸣，几十盏高强探照灯照得短短一百多米的街道亮得晃眼，枫桥小镇好久没有这么热闹了。傍晚七点三十分，工地周围已经聚起了一圈圈饭后散步的人们，像在看一部战争片。十几台吊车在疯狂地舞动臂膀，泥浆和石头混杂的没有路基的路面无法阻挡工人们快速穿梭的脚步，每一次高帮雨鞋踏入泥泞的"腻兹"声让我不自觉地想起吴宇森的电影，就连那每次碰到都热情无比、嘻嘻哈哈的包工头施老板都眉头紧蹙，认真严谨的陈主任拿着图纸面对施工队的"粗暴施工"无言以对，枫桥茶馆里骆老板亲自站在凳子上刷墙纸，五岔路口的枫桥记忆馆门口传来柴镇标志性的大嗓门，一向沉稳的郭镇长默不作声地在这条路上来回和我碰到了第三十一趟……我知道，明天早上九点在枫桥孝义路召开的全国小城镇建设工作现场会是每个人心中的一块大石头，大家心里都有数，却谁也不愿意提及。

大家都已经筋疲力尽，回想这四十多天的并肩作战，设计师们钻脚手架、爬屋顶、改方案是应尽职责，争执、吵架也是家常便饭，但四百多户住户、施工队、我们、政府领导所有人都有着同一个目标，今天是交卷的最后一晚！在被汗水湿透了的裤腿边摸出了手机，现在已经晚上九点三十分。看着那幢楼的瓦片还没盖完、前几天破损的披檐还需要加固、道路的沥青车子在赶来

施工中的孝义路

全国特色小城镇建设经验分享会

的路上耽搁了、枫桥茶馆的桌子椅子、枫桥记忆馆的展品都还没进场……怎么办？和柴镇开玩笑，"第一次感到设计师已经是可有可无"。晚上十点，随着第一辆压路车开进工地，我们也该赶回杭州了，看着渐渐远去的孝义路，居然有一种临阵脱逃的负疚感，更多的是对是否能按时完成的担忧。

第二天一早，施老板传来的一幅幅孝义路的美照让我们啧啧惊叹，只见绿茵满地，鲜花簇拥，柏油路油亮得可以倒影穿上新装的房子，来自全国各地建设口的领导们已经在展板前指点江山、挥斥方遒……梦幻般不太真实的画面虽然美好，但这一刻更希望昨晚一起战斗并创造奇迹的兄弟们睡个好觉！

# 池子里的鱼

"快看，水沟里有金鱼，好漂亮！"

"对呀，孝义路一下子就很有生活的气息啊！"

"咦，昨天不是还看到有金鱼吗？都去哪里了？"

贯穿孝义路前段的景观设计里，有一条水系，蜿蜒曲折，为孝义路增添了许多灵气。但从这一条水系诞生之初，便伴随着一些争议。先是住户的反对，孝义路毕竟是一条商业街，位于五岔路口附近卖钢材的老板，就很坚决地反对："门口有一条水沟，不方便我们做生意哎！"又有基层管理者的怀疑："街上有水怕是很难去维护哦？"甚至参与的设计师们自己也多次问自己："在这样一条功能如此繁杂的村镇商业街上设置水景，合适吗？"而最终拍板定调的领导带着对枫桥古镇传承发展的展望为孝义路景观设计定了调："要留住枫桥古镇江南水乡的记忆，要提升孝义路未来的业态格局，水，是必不可少的！"

这条水系具体的设计过程没有太复杂，石板桥、低埠头、水旁小广场、水系里茂盛生长的水生景观植物等元素都反映了当年临水而居的生活场所，同时也为原本尺度宽阔而略显乏味的孝义路增添了许多空间上的节奏。建成以后，孝义路焕然一新，建筑拥有了漂亮的立面，街道上也有了蜿蜒的水系景观，人们不再把孝义路当作纯粹的交通道路，被水分割的场地也为居民不同的活动提供了不同的空间，既增添了景致，又激活了生活的功能。有一天，一位过来参观的朋友说，好像哪里都好，就是缺了点什么……到底缺了什么呢？一位当地的村主任似乎有些戏谑的建议带来了答案："不如给池子里放

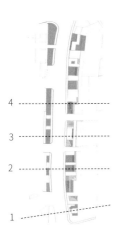

道路分段断面

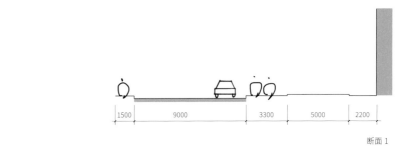

断面 1

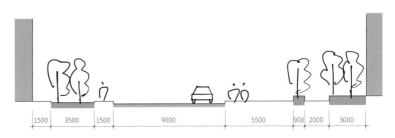

断面 2

断面 3

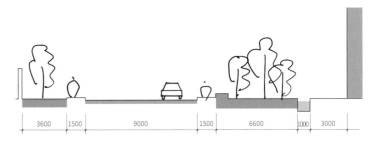

断面 4

居民利用水池清洗物品

路灯、行人在水池中的倒影

点鱼吧，显得热闹一点。"

　　好主意！买来了金鱼，放在水池里，一尾尾的金鱼在蜿蜒的水景里游来游去，甚是好看，一会儿穿梭于细长的水道间，一会儿又躲进茂盛的水生植物里，于是便有了文首的对话。可金鱼第二天都去哪里了呢？怎么一夜之间，就不见了呢？又放了一批金鱼进去，不多一会儿就找到了答案。镇上的小朋友，拿着网兜和小水桶，在那边网鱼呢！出乎意料的，我们感到又好气又好笑，但也宣告了在水景之中养金鱼的计划失败。同时，我们也注意到，这条水系倒是的确与镇民的传统生活紧密相连了，有人在这里取水，有人在这里洗衣，只是这些自发的行为在主要的街道上过于随意地发生，有时候不免有碍观瞻。让孝义路有秩序地重拾生气与活力，仍然要同古镇整体的建设联系到一起，任重而道远。

　　枫桥古镇随着更新建设的推进，人气也逐渐旺了起来，孝义路这条水系的设计也收到了一些评价。但正如还未完全完成的设计愿景——找回老枫桥的生活记忆，缺少人气的它更像是一个半成品。所谓设计有记忆的空间，其实是一个在反向设计自发形成空间的过程，但这个过程，事实上，却是背离事物发展的客观规律的。我们埋藏美好的希冀，为未来可能形成的生活方式提供空间；但在另一方面，现实也让我们深刻地去反思：空间是可以设计的，但生活却不能。我们可以利用建筑、景观设计，去引导项目成为愿景所想的建成环境，但使用的方法与策略却不可自上而下，而必须贴近现实，实事求是。否则，便如同孝义路上养鱼一般，或许是令人振奋的好点子，可实施起来就是另外一回事了。

# 路口的牌坊

讲到在路口塑造标志性，在国内诸多的仿古商业街，牌坊都是最直接和有力的设计语言。只要立了一个牌坊，便有了吸引力，远远望去就极有辨识度，吸引游客前往。而牌坊本身的门楼形式，以及可以上书路名的门牌匾额，也成为"入口大门"的极佳选择。而几乎每一个参与孝义路口景观整治的人，不论内行外行，第一反应都是"孝义路口这里，要立个牌坊，显得高端、大气、有标志性！"

这是一个三岔路口。孝义路在这里以锐角的形式，接入绍大线。孝义路与绍大线两条路在功能上是并置的，在不同的年代里，作为穿过枫桥镇最重要的过境道路。随着枫桥古镇的建成，孝义路将成为通往古镇区域的重要动线，怎样为它塑造标志性与引导性，是孝义路整治提升的重要课题。而这个路口，则是重中之重。

但我们真的要在这里放一个牌坊吗？我们不禁向自己提出了疑问。

第一个疑问来自于中国的传统建筑文化，牌坊是一个很特别的存在。在古代，它是为了表彰功勋、科第、德政以及忠孝节义等，布置于宫殿、庙宇、陵墓、祠堂、衙署和园林前和主要街道的起点、交叉口、桥梁等处的纪念性建筑物。枫桥古镇的建设，着实是一件非常值得纪念的事情，但如果为每一条路及每一件值得纪念的事情都树立一个牌坊，那就显得黔驴技穷了。而比起孝义路，古镇入口似乎更值得树立一个这样的标志物。第二个疑问则来自于建筑空间本身。古时候的牌坊，都是为了宜人的步行尺度设立的，而横跨

孝义路在这里以锐角的形式，
接入绍大线。

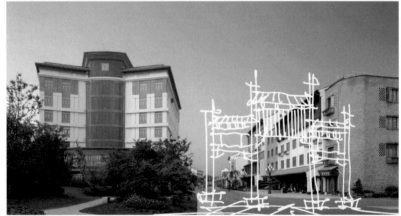

牌坊三种方案尝试

孝义路的牌坊，则必须考虑通车问题。四米以上的净高，十米以上的跨度，都让这里的牌坊尺度巨大，造价昂贵。而不管是"冲天式"的牌坊，还是"不出头式"的，也都无法削减体量太大带来的比例问题。同时，若在此处增添了牌坊这样高大的构筑物，远远看去，牌坊与建筑拥挤不堪，挡住了孝义路延续的空间，虽有标志性，但引导人进入的空间感却大打折扣了。

因此思索再三，我们决定，这次不立牌坊了。

在路口的北侧，两条路的交角，在开尔大厦前形成了一片三角绿地。孝义路口原先较宽，交通组织混乱，通过对道路线型的梳理，驶入孝义路的车行线路更加有序、顺畅；更重要的是，三角绿地的面积也得以扩大，通过主题种植与堆山叠石的形式，既形成了远望过来的标志性，同时也为居民的活动提供了一处街旁公园。但"村口那棵大树"的寻找可不是说说那么简单了，古镇更新想"立刻出效果"的特殊要求，让选苗变成很重要的工作。我们与业主方负责人陈主任一起，打过许多电话，跑过几处苗圃，最终找到三棵气势非凡的造型香樟，也才算镇得住路口的场面了。而对"孝义路"主题的提示性，则被考虑在了路口南侧，这里原本是服装厂的围墙，通过对围墙的再设计，以及一处照壁的设置，"枫桥古镇，孝义古街"的主题，在这里得到并不刻意夸大的阐述。值得一提的是，这处照壁上，我们做了留白的处理，我们未来可将孝义路建设这件事情在这里记述，像一座"纪念碑"一般为这次工程留念。

最终，删繁就简，摒弃思维定式，通过了相对朴实的处理方式，孝义路口展现出开放式的姿态，拥抱来到这里的每一个人。

# 梁焕木故居

　　第一次走过孝义路，就注意到了这栋破旧的砖木房子，房屋的地面比路面低了一米多，显然有些年代了。同去的周主任为我们解惑："这可是枫桥的名人，'当代大禹'梁焕木的故居。"

　　简约朴素的老房子，位于孝义路北段，木结构，五开间，两层楼，坐北朝南，是传统民居的样式。白墙、黑瓦、袅袅的炊烟和一对古稀老人，就是我们第一次见到它的场景。两位老人居住在最西边的一间，其他房间都被租出去，做了藤椅加工作坊。南面的披檐下堆满编好的藤椅和半成品。

梁焕木故居现存的门窗与装饰

　　手指拂过花格破损的木窗，瞥见柱下残缺的磉盘，追寻梁焕木先生曾经的身影。也许那时，他就靠着这根木柱，紧锁眉头，思虑着征天水库的建造难题；也许那时，他就坐在这道门槛上，默默流泪，嘴里念叨着因公殉职的儿子平时常说的话；也许那时，他就倚在这扇花格窗旁，远眺着一九六七年干旱的土地，下定决心，要在那个特殊时期闯过道道关卡，把抗旱机具买回来。

　　就像这栋简朴的房子，梁焕木一生勤俭，家里没有一件像样的家具，出差挤五等舱，拒绝公司配车，无论大小会场，以农民自居，也事事为农民考虑。于是，我们沿用"修旧如旧"的策略，只是换掉损坏严重不能使用的木构件，翻新屋面小青瓦，修补粉刷已露出砖块的墙面，让这栋简朴的民居依然保有与它曾经的主人一样的朴素的味道。

　　凭借当时工匠精良的手艺，带有精致木雕花纹的花格窗算是这栋建筑里

梁焕木故居门窗样式

改造前的梁焕木故居

最考究的地方了。测绘中，我们仔细地拍下照片，并精确地绘成图，希望能够重现木构件原有的精美。窗洞上的窗楣已经脱落，无处可寻，我们在相似的古镇建筑中找到砖雕窗楣的样式，希望能够恢复这一具有当地特色的建筑细节。在故居周围，利用地形高差和建筑间的空当，设想用竹子、水景、石阶营造氛围，烘托建筑。可惜的是，种种设想却因为沟通和施工上的偏差，没能实现，留下了无法弥补的遗憾。

## 人物：梁焕木

梁焕木先生，枫桥镇孝义村人，生于一九二八年。

作为农家子弟，梁焕木只在镇里的小学读了一年书，就辍学回家务农。二十三岁时，他还曾独自来到太湖边，种了五十亩田，在农田水利方面积累了足够的实践经验。其后，梁焕木回到枫桥任孝义村村长，组织民工参与了诸暨江西湖截弯取直工程和高湖分洪工程，自此与水利事业结下了不解之缘。一九五四年开始的三年中，梁焕木带领枫桥百姓修建了十八座中小型水库，还建成了浙江省最早的小水电站——郑宝山水电站。一九五八年，梁焕木开始负责征天水库的设计建造，以征天水库为核心的水利灌溉系统，使枫溪江

梁焕木先生
1928-1996

两岸的两万多亩农田实现了旱涝保收。二十世纪六十年代，浙江省人民政府授予梁焕木水利工程师称号。

二十世纪七十年代，梁焕木以征天水库为基地，开拓了渔、电、农、牧综合经营的发展道路，先后办起了各种工厂企业。从一九八四年建立水工商联合公司，到一九八九年形成生产经营形的水农工商联合体，梁焕木在市场经济中亦成为先行者。一九八二年的省级劳动模范，一九八四年后的全国水利电力系统特等劳动模范、浙江省特等劳动模范、全国劳动模范，这一系列的荣誉称号成为梁焕木一生勇于改革、锐意开拓的最佳注脚。

一九九六年，梁焕木与世长辞，遵其遗愿，骨灰洒在了征天水库与枫桥江中。与"当代大禹"、"焕木大帝"这些民间的称号相比，也许"知山知水方能治山治水；爱国爱民斯可为国为民"这副对联更能描述这位将一生献给枫桥的实干家。

雨中的孝义路（来源：赵强 摄）

改造后的孝义路五岔口（来源：赵强 摄）

孝义路的檐廊空间（来源：赵强 摄）

俯瞰孝义路（来源：赵强 摄）

各种材质的运用（来源：赵强 摄）

孝义路五岔口（来源：赵强 摄）

孝义路屋面曲线（来源：赵强 摄）

砖的运用（来源：赵强 摄）

古博岭村

绍大线

风水林

高速出口

# 绍大线

## 1 项目简介

　　绍大线环境提升工程位于绍大线的枫桥路段，自枫桥高速南出口至古博岭高架附近与绍兴交界处，全长约十五点八公里。本次提升工程包括市政非机动车道白改黑工程、市政强弱电管线改造、沿线建筑风貌协调、城市家具美化、景观绿化提升等几大方面。工程严格按照《枫桥镇现代古镇"十三五"发展规划》落实，绍大线经枫桥镇连接绍兴和诸暨主城区，现状道路十六米宽机动车道为沥青路面，七米宽人行道为花岗石铺装，雨污水管道配套也完成铺设，仅非机动车道路面为水泥混凝土路面，个别板块水泥混凝土破碎，与道路整体环境、古镇建设不协调，与省市小城镇环境综合整治工作不相适应，急需整治提升。

## 2 整治措施

### • 强电工程

　　电力改造从栎桥村开始到农贸市场路口为止，公路全长七点六八九公里，光缆入地，规划建设十座开闭所、十千伏管道十六点六三五公里、零点四千伏管道十五点三三六公里、四十四台箱式变电站。

### • 弱电工程

　　从诸暨城区起至古博岭与柯桥交界处，在绍大线东侧沿路开挖新建八孔管道九百五十米，新建管道人孔井二十个；从原古博岭收费站处起至妙旺村在绍大线西侧沿路开挖新建八孔管道一千一百米，新建管道人孔井二十五个。

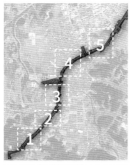
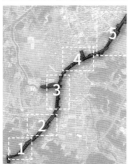

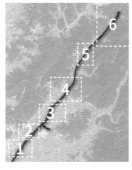

| 改造类别 | 区块分类 | 数量（个） | 总面积（平方米） |
|---|---|---|---|
| 保留现状 | 区块1 | 31 | 13884 |
| | 区块2 | 14 | 12436 |
| | 区块3 | 17 | 16014 |
| | 区块4 | 30 | 29489 |
| | 区块5 | 17 | 15105 |
| | 总计 | 109 | 86928 |

| 改造类别 | 区块分类 | 数量（个） | 总面积（平方米） |
|---|---|---|---|
| 梳理现状 | 区块1 | 24 | 10075 |
| | 区块2 | 16 | 17102 |
| | 区块3 | 17 | 16471 |
| | 区块4 | 11 | 13454 |
| | 区块5 | 17 | 27715 |
| | 总计 | 85 | 84817 |

| 改造类别 | 区块分类 | 数量（个） | 总面积（平方米） |
|---|---|---|---|
| 轻度改造 | 区块1 | 11 | 7276 |
| | 区块2 | 11 | 11402 |
| | 区块3 | 28 | 18769 |
| | 区块4 | 13 | 12196 |
| | 总计 | 63 | 49643 |

| 改造类别 | 区块分类 | 数量（个） | 总面积（平方米） |
|---|---|---|---|
| 中度改造 | 区块1 | 7 | 11205 |
| | 区块2 | 5 | 7030 |
| | 区块3 | 43 | 27954 |
| | 区块4 | 52 | 38886 |
| | 区块5 | 43 | 18027 |
| | 区块6 | 26 | 11251 |
| | 总计 | 176 | 114355 |

绍大线分类改造强度

1 基本保留建筑

2 拆除违章搭建

3 空调机位改造

1 破损墙面粉刷

2 空调机位改造

3 店招系统设计

1 屋面檐口统一为深灰

2 破损墙面粉刷

3 空调机位改造

4 店招系统设计

5 更换蓝绿色玻璃窗

1 屋面檐口统一为深灰

2 墙面统一为黑白灰色调

3 空调机位改造

4 店招系统设计

5 更换蓝绿色玻璃窗

绍大线作为枫桥镇的主干道，沿路
建筑立面情况较为良好。但还是存
在一些问题，例如：市政管线交错凌
乱，景观节点单一乏味，各个村落
的入口缺少识别性。绍大线的改造
因为涉及的范围较广泛，改造提升
工程着重于景观的提升和局部特点
打造。

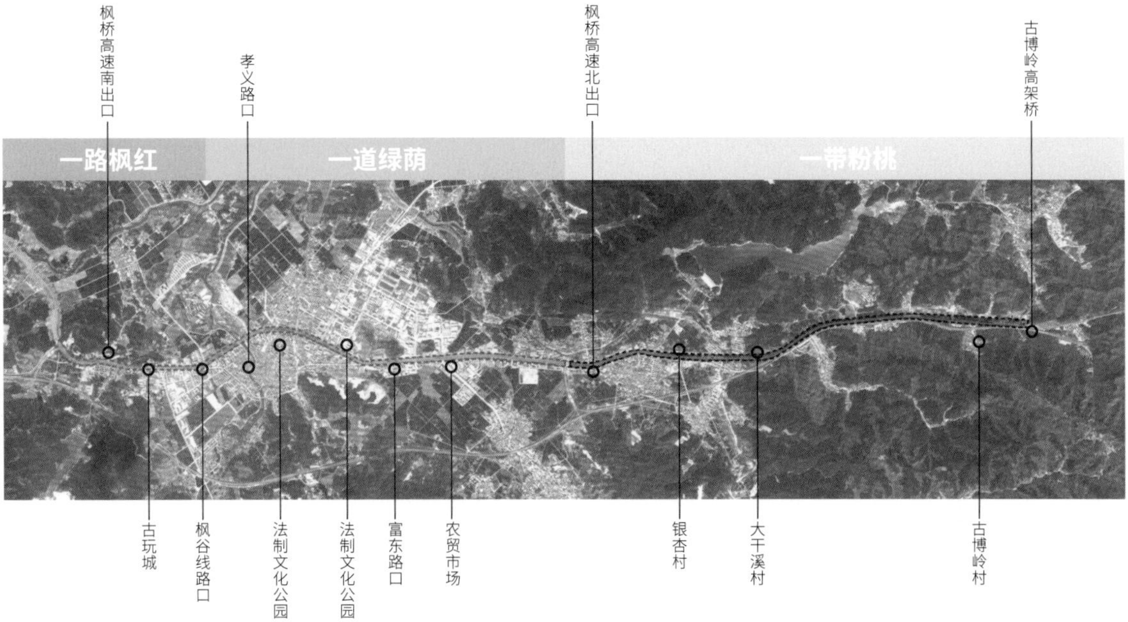

一路枫红　　一道绿荫　　一带粉桃

枫桥高速南出口　　孝义路口　　枫桥高速北出口　　古博岭高架桥

古玩城　枫谷线路口　法制文化公园　法制文化公园　富东路口　农贸市场　银杏村　大干溪村　古博岭村

绍大线的重要节点

**• 非机动车道白改黑工程**

　　绍大线枫桥段规划宽度为五十米,非机动车道为水泥路面,局部路段非机动车道尚未连通,本次对非机动车道进行白改黑改造,加铺沥青面层。

**• 建筑风貌协调**

　　主要包括沿线建筑底层店招、卷帘门整改、沿线建筑屋面及檐口色彩协调,并遵循"风貌协调、简化处理"的设计原则,在大部分保留沿线建筑立面的前提下,着重选出约十三个公共空间进行形象打造,如高速南出口收费站改造、古博岭村立面整治、古博岭新建驿站、贝特尔厂房改造等节点。

**• 城市家具美化**

　　自诸暨城区至古博岭与柯桥交界处共十九点三公里道路沿线的标识标牌、公交站点、垃圾收集、路灯杆件、设备机箱、道路隔离带等提升改造。

绍大线三个重要景观节点

• 景观绿化提升

　　绍大线沿线的绿化、景观提升改造共分三段：枫桥高速南出口至孝义路口段、孝义路口至枫桥高速北出口段、枫桥高速北出口至古博岭高架桥段。并且分别按"一路枫红"、"一道绿荫"、"一带粉桃"三个主题打造，沿线共设景观开放节点二十余处，其中包含了三个重要的景观节点，西施浣纱石节点、汽车站节点与葛村入口节点。

　　诸暨作为西施故里，而枫桥镇位于诸暨的东部，与绍兴市接壤，欲将诸暨的特色名人第一时间展现给游览者，于是在枫桥镇的最北部古博岭处设置一西施浣纱的形象。在诸暨城关南部苎萝山麓，临江濒水有一方石，绝代佳人西施，与这块方石有不解之缘。相传，只要西施去浣纱，方石就会自动沉浮，水浅则沉，水涨则浮，使她浣起纱来，舒服省力，恰到好处。站在方石上浣过的纱，洁白光亮，柔软舒展，听说还有异香。此普通方石因西施的芳名而有名。设计上将两者结合，在景石上雕刻西施的人物形象，提取水和纱的元素，以视觉显眼的红色铝合金弯曲模仿在水中流动的纱，景石后衬以绿植红枫，再现当年西施浣纱的场景，活泼的红色飘带由近及远伸展开来，近处飘带似迎接从远方而来的客人，远处飘带似将客人送至枫桥古镇，灵动的西施浣纱场景与周边的组团绿化和山体融为一体。

在枫桥镇步森大道十四号，为老枫桥汽车站。汽车站前的空间原本较为拥挤，步森大道道路边上的车辆因没有足够的停车空间而随意停放，对于汽车站内的车辆进出造成了一定的视线影响，且从道路经过，无序的车辆停放也显得小镇面貌比较杂乱。进行了现场测量以后，发现原来的围墙背后还有充足的空间，若将此部分围墙拆除后退至与客运站背面的墙体齐平，即可在前场腾出足够的空间来给车辆提供停放车位。在停车场靠近道路一侧种植绿植，以绿化分隔人行道路与停车场界面，在停车场的空间设置树池，软化大片的硬质铺地，在炎炎夏日也给停放的车辆提供一片遮阴。

葛村入口位于步森东路二百五十九号，村口为三岔口，立一牌坊，牌坊前为变电箱，变电箱以黄色格栅围住。牌坊后直对应的建筑墙皮剥落，状况较差，一层以围墙遮挡。作为一个路人从步森大道经过，第一印象是牌坊前的变电箱较为显眼，与背后的牌坊风格颇不契合。因改造工期紧，且牌坊后住户围墙内养殖较多家禽，转移不方便，我们更多地以改善牌坊前环境为主，对背后建筑仅做外墙粉刷更新。牌坊前空间原本比较空旷，我们采取创造一些层次感的手法，避免水平上的延展造成过满的效果，底层界面铺以草皮，在中层界面种植杜鹃遮挡变电箱，后一界面种植罗汉松，前后产生层次感，种植两株红枫起到颜色点缀作用。

## 3 社会效益

项目的改造建设对于枫桥镇城市发展战略的实施发挥着极其重要的作用，是一项重要的城市基础工程项目，有效改善城市面貌的同时，通过便捷的交通联系镇区和绍兴市、诸暨市，有利于促进城镇化建设；极大地支持沿线地块的开发，相应配套设施的建设，推动区域经济的发展，有利于整体社会经济的发展；将有效地组织区域的交通，引导人流、物流及车流有序疏通，提高城市品位及市民的生活质量，满足社会和谐稳定发展的需要，有利于周围环境的保护、资源合理配置和利用。

# 卷帘门与店招

　　绍大线作为穿越枫桥镇的主干道路，对于枫桥镇的小镇面貌展示有着显著的作用。然而现状的城市道路、沿街商铺界面缺乏总体规划设计，部分建筑立面装修标准低、质量差，年久失修，陈旧褪色。现状店招体量大且笨重，深灰色给人压迫感；店招形式也毫无特色，与常规街道差异不大，门牌信息与照明设施等细节布置混乱，无法体现枫桥古镇新城的风貌；现有卷帘门千篇一律，且实体卷帘门外露影响小镇面貌。

　　一般商铺都想要将自己的货物展示给经过的人们，希望卷帘门尽可能通透一些，而五金、建材商铺由于货物种类本身比较多，频繁送取物品自然也会乱些，金银首饰的商铺为防窥探，此类商铺会希望卷帘门有较好的遮挡作用。

　　针对不同商铺的需求，结合枫桥古镇的特色，我们设计了相应的方案：需要遮挡效果的商铺，我们在卷帘门上设置了椭圆形或者梅花式的孔洞；需要通透效果的商铺，我们采用花格式、渔网式、横线条式。考虑到商家们对于常规卷帘门设置在玻璃门外侧，由于商铺位于道路两侧，来往车辆尘土飞扬，卷帘门上经常积灰不易清理的问题，我们将卷帘门改造到玻璃门内侧。

　　对于建筑高度不同，店招现状情况不同，分别采取了不同的改造措施。对于单层建筑，现状条件较差的格栅店招，拆除了原来的格栅，采用木色铝板的店招；对于三层及三层以下的建筑，现状条件较好的铝板店招，保留现状灰色铝板，以木色铝板线条压于铝板上；现状条件较差的格栅店招，拆除

绍大线卷帘门改造后照片

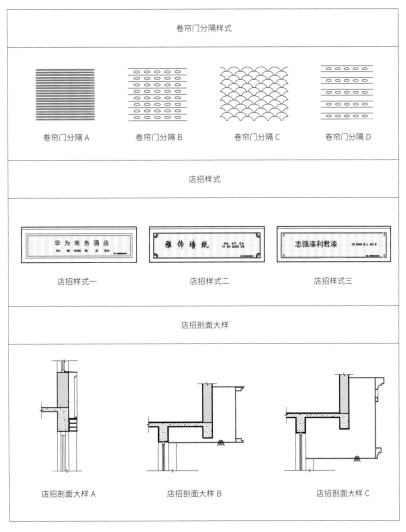

绍大线卷帘门及店招样式

原来的简陋格栅，为避免整条街道千篇一律的木色，我们也考虑了米色和灰色铝板店招；对于三层以上的建筑，现状较好的铝板店招，将灰色铝板喷涂成米白色，铝线线脚压于上下边；对于三层以上的建筑，现状较差的格栅店招，拆除原来的简陋格栅，采用米色铝板新建店招。

在改造过程中，对于店招上的文字样式没有统一，仅预留位置，小镇的建设，不仅仅是设计师的干预，也需要使用者们的参与。店招和卷帘门虽然只是建筑立面上一个小小的组成，却对小镇面貌的改善起到了翻天覆地的作用，原来大小不一、陈旧褪色的情况都消失了，崭新的面貌也给小镇注入了新的活力。

# 古博岭村

　　古博岭村位于枫桥镇最北部，毗邻绍兴市。村落沿着绍大线而建，站在绍大线上，沿路多为建筑的山墙面。

　　依着小路向村中走去，瞥见一旁的屋子，窗户上的油漆已经褪去它曾经的光泽，窗框上的玻璃有的缺失了，有的破碎了，虚掩着的窗户传递出其中的落寞，木门上的原漆也泛白了，门上的片状板经历了风吹雨淋而弯曲，外墙上的黑色水渍也诉说着建筑的时代感。

　　再往前而去，另一侧的建筑，山墙面还是红砖，正面是青色面砖，封了阳台，另一山墙面和背面是水泥抹面，不一样的四个面倒也颇有趣，边上的一层小房子正面有裸露的水泥，有新刷的白色涂料，也有曾经刷的已泛黄脱落的涂料。路上遇到一老奶奶，问：这户人家的外墙怎么几个面还不一样，正面整洁干净，山墙面却还是毛坯一般？老奶奶答："以前造房子没钱，都是有钱了就去粉刷一个面，正面是一户人家的门面担当，自然花的力气便多些。"

　　绕着村子走了一圈，发现大部分建筑的状况还比较好，仅有一些情况差些。因为村子里的建筑多以山墙面面向道路，原来各家的山墙面多以水泥抹面为主，比较单一，且状况不是很好，故而在改造时结合了远山，以木质装饰丰富其山墙面，打造一幅粉墙黛瓦的远山村居图。

　　对于现状结构较差的建筑，对其外墙进行白色涂料的粉刷，将破损的窗

古博岭的春（来源：陆钊扬 摄）

户更换为木色的铝合金玻璃窗。对于现状情况较好的建筑，协调其外立面颜色，保留其原来的门窗。在沿路的建筑山墙面上，加上木格栅，以木格栅在各栋建筑山墙面上的增减来产生韵律变化，或半个山墙面，或四分之一山墙面，或五分之二，悬挑三百毫米的博风板设计让原先太平面的山墙面有了立体感，也保护了木格栅的上端部避免雨淋。

　　原本仅仅写了几个宣传大字的围墙，我们在保证结构安全的情况下，在围墙上开了花格洞，在洞内填充瓦片来丰富围墙的肌理。但是村民们觉得这影响了他们原来的私密性，也觉得不安全，在他们的强烈要求下，我们兼顾村民的顾虑以及美观上的考虑，把洞口的内侧封闭，外侧的花格窗继续保留。

『铺陈』

二〇一六—二〇一八

穿枫桥古镇

踏枫江沿岸

过枫韵老桥

万象悉铺陈

# 古镇核心区

## 1 基本情况

• 历史

　　枫桥的繁荣始于唐末。唐时形成的"婺越通衢"，到吴越国时得到进一步的发展。在宋代时，枫桥的三里长街便已初步形成，即断续分布在大道上的上市、中市和下市。到了明代后期，枫桥又新出现一个南市。此后，以中市为中心，逐渐连接起北市、东市、西市，形成现今的"十字"格局。民国时期，枫桥的经济持续发展，商业进一步兴旺起来，以二十世纪三四十年代为鼎盛期，当时枫桥镇有大小店铺三百多家，仅米店就有四十八家。[①]

　　现今枫桥商业街市的格局尚存，沿街建筑风貌较好，体现了其独特的历史和文化价值。

• 概况

　　枫桥古镇的核心部分，主要包括东到枫溪路，西至枫江沿岸，南到枫江路，北至天竺街的范围，总面积约是十一点五公顷，是枫桥镇现存历史建筑最多、保存最为完好的部分。

　　古镇核心区建筑以一、二层为主，高度基本在三层以下，但是也有若干四、五层的新建多层建筑穿插其间。其中百分之六十以上为"民国"时期至一九四九年间所建，此外约百分之三十的居住建筑为二十世纪七八十年代见缝插针所建，其余为二十世纪九十年代后所建。在修缮前，核心区内质量较好的建筑并不多，结构较差、设施不全的建筑占了相当大的比例，尤其是大部分的传统住宅均存在结构老化、缺乏维修等问题。

①引自《浙江省诸暨市枫桥镇历史文化保护区保护规划》。

古镇核心区内建筑多为砖木结
构传统民居。由于年久失修，
建筑整体状况不佳，但也有少
量建筑保存较为完整，规格较
高。

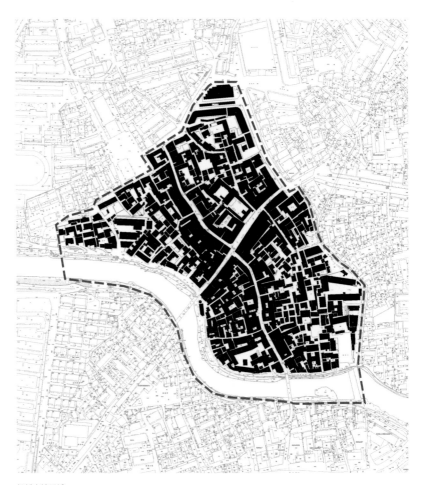

枫桥古镇区域

• 风貌

核心区建筑基本保持了江南民居的特点。建筑的色调主要为黑白二色，黑即为黑色瓦片及深色木构件，白即为白色的草筋灰墙体，黑白的交替穿插构成了古镇建筑立面的特色。此外枫桥民居的山墙特别有特色，有观音兜，云鬓墙，一字封火墙，三山、五山的马头墙等，还有各式混合使用的，这些形态丰富的山墙构成了古镇丰富有序的天际线，传统韵味十足。

但核心区内风貌较好的历史建筑数量不多，约百分之四十左右，且多数局部破坏严重。而一些破损严重的建筑、临时建筑以及与传统风貌有冲突的建筑占了相当大的比例，约百分之二十，这为后续的保护和整治带来了困难。

• 重点建筑

古镇中有一省级文物保护单位枫桥大庙，位于和平路中段，坐北朝南，本名"紫薇侯庙"，旧称"杨老相公庙"。始建于南宋，重建于清代，由钟楼、鼓楼、前厅、戏台、中厅、后厅、东西厢房等组成。[①]

青年街三十四、三十六号，是为数不多的保存较为完整的一组历史民居建筑，由于这组老房子的大门上有一个硕大的五角星，我们也称之为"五角星楼"。青年街三十四、三十六号建于民国之后，中华人民共和国成立之前，中有天井，为传统的三进式格局。

## 2 十字架构

十字架构指的是自宋代起枫桥形成的南市、北市、中市、西市为主的十字形商业街。这一十字形态一直延续至今，是枫桥核心区最为重要的商业街道，也是承担主要交通流线的交通干道。现今南北方向的青年街、新街与东西方向的和平路仍然保留了这一"十字架构"的基本格局。街道沿街建筑质量较好，遗存丰富，保持了良好的历史风貌。一些重要建筑，如枫桥大庙、颐和堂、青年街三十四号等均坐落于十字街上，是古镇的主要展示界面。

①枫桥大庙，省级文物保护单位。位于浙江省诸暨市枫桥镇，始建于南宋，重建于清代，由钟楼、鼓楼、前厅、戏台、中厅、后厅、东西厢房等组成。整座建筑雕梁画栋，造作精致，气氛雄伟。

枫桥古镇格局

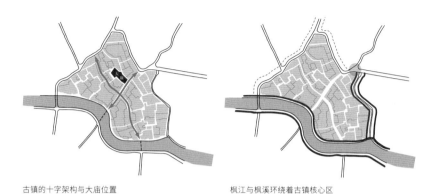

古镇的十字架构与大庙位置                      枫江与枫溪环绕着古镇核心区

• 青年街

　　青年街位于古镇核心地段，南起采仙桥，北至十字街口。现存建筑除少量三至四层砖混建筑以外，其余均为一至二层砖木结构建筑，是核心区遗存最为完好的部分，基本保存了古镇风貌。历史上枫桥老字号的店铺也集中在这里，如新泰米店、坊记纸花店、颐和堂药店、骆恒兴南货店、致和碗店等。

• 和平路

　　和平路位于古镇核心地段，东起五显桥，西至枫溪路，枫桥大庙便坐落于和平路上。大庙前原是枫桥镇最繁华的地段，街面平均宽度四点五米左右。和平路总长约两百零八米，其中两层木结构房屋只占全长的百分之三十七，其余均为四至五层的新建砖混结构建筑，这为整治工作带来了极大的调整。

• 新街

　　南起十字街口，北至胜利路，总长约两百米，新街街面较窄，宽仅三至四米。历史上这条街以经营小百货、杂货为主，较著名的商店有贻康当铺、同德堂药店、振丰碾米厂、安定医院和普济医院以及众多的杂货店和水作坊。

## 3 边界

核心区边界主要包括枫江沿岸及枫溪路，是古镇的另一重要展示界面。其中枫江沿岸是核心区紧邻枫江的临水边界，而枫溪路则有枫溪穿过，边界是形成小桥流水江南古镇印象的重要区域。枫江沿岸及枫溪路现存建筑多为一九四九年后新建砖混建筑，并未延续古镇的历史风貌，且有废弃水塔等破坏风貌的建筑或构筑物存在，亟需修缮。

• 枫江沿岸

古镇西、南两侧紧邻枫江，江上有采仙桥、五显桥两座老桥。枫江沿岸修建了以防洪功能为主的堆石驳岸，沿岸建筑多为新建砖混结构建筑，已完全丢失古镇风貌。

• 枫溪路

枫溪路南起枫江，北至和平路，是核心区东侧的边界。枫溪路建筑以新建砖混建筑为主，风貌不佳，建筑亟需修缮整治。枫溪路有一枫溪穿流而过，很有江南水乡的生活气息。

## 4 设计策略

面对枫桥核心区，我们觉得这里有底子，有缺憾，也能有所作为。发现这里既有风貌保存较为完好的商业街市，也有破败不堪的边界区域，很欣慰核心区还留有完整的十字构架，但早已失去活力的街道留下的是年久失修的建筑与萧条感。留下的大部分都是老人，年轻人已经离开。

如何能够"留得住乡愁"；如何在保护和发展之间取得平衡；如何通过对历史文化资源的激活和原生居民生活的改善，唤醒古镇记忆，传承枫桥文脉；这些都是我们在设计中需要考虑的问题。

究其根本，古镇的衰落在于产业的衰落，原本农耕社会产生的建筑形态很难适应现代生活的需求。所以为古镇注入新的产业，让老房子发挥其特殊的历史价值是解题的关键。虽然老房的修缮不能解决所有问题，但可以是解题的第一步。

• 保护和利用并重

在设计中，我们希望保护与利用并重，以保护求发展，以发展促保护。在修复建筑历史风貌的同时，主张为古镇置入新的功能。新的功能可以为古镇植入新的活力，吸引新的产业如旅游、休闲等产业的进入，完成古镇的转型，实现以保护促发展的目标。植入新的活力，吸引新的产业如旅游、休闲等产业的进入，完成古镇的转型。

我们制定了古镇区域的分步修复计划。第一步，由"十字老街"开始着手复原传统风貌，通过十三个项目展开，针对古镇主要出入口、沿街沿江界面及其他重要建筑进行风貌修复；第二步，通过"坊巷激活"展现传统生活，梳理青年坊、任家弄等街坊格局；第三步，通过"全域更新"呈现整体风貌，基于前两轮开发建设的成功经验，将整治提升工作向古镇的四大片区拓展，使古镇逐步呈现和谐统一的整体风貌。

• 文化和旅游并进

枫桥有丰富的文化遗产，如"枫桥经验"的红色文化和"枫桥三贤"等历史人文资源。利用并发展这些文化，可以进一步促进旅游产业的发展。物质是承载文化的实体，在设计中也应体现枫桥的文化元素。将文化符号化、具体化，利用建筑及一些公共空间对文化进行展示，加强古镇区域的文化氛围。

例如以古镇为窗口，在充分展示"枫桥经验"历史事件的基础上，将这一红色经典的宣传模式和途径进行多维度拓展。在古镇内置入培训、展览、交流、影片放映等衍生业态，多元创新地开展"枫桥经验"的宣传推广。开展"枫桥经验"实景化，在古镇街巷等开放空间，利用海报、雕塑、墙体彩绘等方式，打造"枫桥经验"场景模拟，吸引游客"身临其境"地感受这一红色历史经典，真正用细节打动游客，在游览体验中开展宣传教育。

# 静默的叙述者

　　粉墙上渗透着淅淅沥沥的雨，石门坎上刻录了进进出出的人，小镇的角角落落里藏着多少不能知的故事……

　　从车水马龙的孝义路离开，远眺古塔，过桥，双脚便踏上了青年街的石板路。汽车的鸣笛声悄然隔绝于对岸，只闻雨水击落于瓦片上，滑落坠至地面的声音。一只狸猫架着风声从巷中蹿出，上下打量着我们这些异乡人，缓慢地踱步上前，湿乎乎的毛发在小腿肚蹭了蹭，抬头轻声喵呜，于是我们就不自觉地顺着它的脚步向着街巷的深处走去。

　　阴雨天里大多紧闭门户，小镇相似的木楼只有几户虚掩着门，透过门缝看见室内坐着的大多是长者，有的漫不经心地看着电视，有的则是眯着眼小憩。猫敏捷地跑进一间屋子里，这是一间文艺片中常见的古货铺子，门口有几张椅子，铁皮支出雨棚作为遮挡。此时猫已端坐在门口看着我们，我们便向店主要了一瓶水和一根香肠，坐在门口的椅子上，将香肠剥给这只馋嘴的猫。抬头平视看见与小卖铺相连的白墙上一颗已经褪漆的巨大五角星，五角星位于大门正中的顶部，出于好奇便询问店家这为何楼。店家年岁已高，依着柜子缓慢地移动到门外，望着这颗五角星楼，开始讲述她的故事。此处的五角星是当时作为派出所留下的，这里原本是户人家，后来做过幼儿园，又当过老年活动中心，还开过旅店，几易其主，现在已变成仓库杂乱地堆了点东西。在征得店主同意后，我们走近小楼，推开虚掩着的木门，猫一步跳过门槛进院内。天井狭窄细长，木门上雕刻着精致的花纹，浅蓝色的油漆遮盖住了原有的木色，墙上稚气的卡通图案告知我们这里曾作为幼儿园使用。再

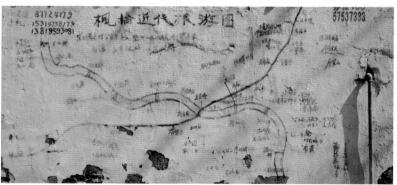

古镇历史印迹

往里走出现一片天井，此处比入口的稍显开阔，中间隔着一道片墙，墙上依稀可以辨出"鹤寿"、"颐年"、"性养"几个大字，想必这是当年作为老年活动中心所留下的。墙上的各种痕迹将人拉入不同的时空，孩子们的嬉笑打闹画面，警局进出的忙乱人流，长者倚着凳子闲谈下棋的画面像蒙太奇一般地交叠呈现在眼前。这个充满故事的地方很是让人心动，在后期的改造设计中我们也试图将记忆的剪影留下，希望此处是一个承载故事的宝盒，将小镇未来的故事也容纳于此。

是否是猫遇见了老鼠，楼顶的木板发出年久失修的"咯吱"声，踏着木台阶上楼后往窗户走去，透过窗扇，可以看见斜对角有一幢楼与两旁的建筑很是不同。土黄色的砂墙上勾勒着白色的线条，墙面斑驳，黄色白色深浅不一，窗扇大小也参差不齐。下楼走近可以瞧见部分的窗扇上部还残留着些许精细的窗楣，房屋大概是二十世纪初期的建筑，据店家说此处便是中国银行遗址，但从这落寞的立面上已很难觉察出昔日的喧嚣与繁华。在后来的改造中，我们在和平路拐角处的筒子楼上发现了"中国人民银行"几个字藏在店招背后刻在墙上，不知是否银行后来曾去了那处，此处的楼我们能做的也只是将其色彩还原为最初的样子，将他与周遭的事物剥离，为小镇人留下一丝念想。

此时的雨也渐渐停了，这只猫似乎并不愿意离去，领着我们继续往前走。太阳已经西斜，阳光投射于墙上，一块边框上涂着黄色的颜料，字的下面嵌着宝蓝色的底，刻着"颐和堂"三个字的门额吸引了我们的注意，这块门额与周遭的一切显得那么的不同，再加上门框的红色，这配色像极了北方的大户人家。出于好奇，在后续的调查中发现，原来此处曾是镇上有名的药铺，创办这家药铺的人被当时的枫桥人称作"仲默大少爷"，据村里的人会议中说，当时各家会将在后续的调研中，对于门额的收集也成为工作中的一部分内容，台门门额代表了这家人门风的传承，透露着淳朴敦厚的枫桥文明，我们希望在改造设计中和村民一起，将这份质朴的文化继续传承下去。

这沿路走完可以看见许多白墙上留下了一些特别的痕迹，有些墙面上还画着毛主席的画像，有的墙上红色的油漆规整抄写着毛主席语录，这些或深或浅的图案都记录着那段无法忘记的岁月。有户人家的窗下墙上画着的"枫桥近代旅游图"甚是有趣，简单的黑色线条示意了枫桥古镇格局，枫桥的名胜古迹在图上点状示意，清晰可辨，我们将此图拍下作为我们初次与枫桥相遇的留念，并顺着这张图开始了对枫桥更深入地了解。

猫已不知钻入了哪条巷子，它像是被刻意安排的导览者，沉默地陪着我们穿行在古镇中。时光的轮转雕琢于细微之间，便是这些细微的痕迹将枫桥的故事在游人的眼前徐徐展开。很庆幸时代的更迭并没有让所有的东西都被更替磨灭，这一切被人们遗忘忽视后静静地存于小镇之中。我们从小镇的角角落落里寻觅这些痕迹，掸去其身上的尘土，让这些沉默的家伙将曾经的故事向世人娓娓道来。

青平街

# 青年街

青年街南起采仙桥头，北至与和平路相交的十字街口，长约两百米，路形为缓和的曲线，路宽三至四米。青年街及新街与和平路共同构成的"十字"构架，是枫桥古镇的核心地段。明清时，旧称大部弄的青年街是枫桥南市的重要组成部分，商贸云集、热闹非凡。时过境迁，如今的青年街除了依然留守在此的住户，仅剩一家小卖部，已完全褪去了当年的繁华景象。

青年街沿街除了极少数三、四层的砖混结构建筑外，其余均为一、二层的木结构建筑。因建造年代较久，再加上陆陆续续的修补、改造和扩建，现状建筑的风貌不佳，后经专业的房屋可靠性鉴定，大量的建筑还或多或少地存在安全隐患，亟待整治修缮。本次青年街沿街建筑的整治修缮工程共涉及三十三栋房屋，屋顶及立面面积总计六千九百六十七平方米。

## 1 整治修缮原则

• 修旧如初

对于传统建筑的保护与更新，时间节点的选择非常重要，也就是说，传统建筑应当被恢复到其在历史进程中哪个时期的整体风貌。因此，设计中针对建筑的基本情况，在保留历史痕迹、修旧如旧的基础上，进一步提出"修旧如初"的原则，即以建筑生命周期中的鼎盛时期为蓝本，恢复传统建筑的本来面貌，使其重新焕发出强大的生命力。具体包括三种处理措施：

保留：对于建筑的整体建构体系、空间格局，以及符合使用安全要求、质量较好，且与整体建筑体系无冲突的建筑局部和构件，予以保留。

修复：对于质量较差或已损毁，但对形成整体建筑体系有作用的建筑局部和构件，予以修复。

剔除：对于在建筑历史进程中，出于某种使用需求而添加的建筑局部和构件，如其与整体建筑体系有冲突，在保证建筑使用安全的前提下，予以剔除或替换。

• 新旧结合

在具体技术措施方面，遵循新旧结合的原则，以灵活的方式处理整治修缮过程中会面对的各类问题。首先，尽可能恢复传统工艺和做法，如屋面瓦作、砖雕窗楣、花格门窗等；其次，与现代生活需求和质量安全密切相关的部分，则采用新工艺和新材料，以确保使用功能，并体现时代性。设计中采用"隐入"的手法来处理新与旧的关系。对于空调设备、灯光照明等必要的基础设施，采用"隐入"的手法，充分利用传统建筑中的"空"和"隙"来设置，同时通过材料和颜色的处理，使其隐藏起来，不成为视觉焦点。

## 2 整治修缮技术

• 木作 - 大木作

首先对木结构建筑进行房屋可靠性检测，据此确定需修缮的部位、构件及相应的修缮方式，主要有三种情况。

第一种情况：木构件仅为局部受损，整体尚可使用，则采用局部修补的方式。若木构件表面因虫蛀或腐烂而产生糟朽，如面积较小，可采用挖补的方式；如位于木柱柱身的下部三分之一内，且面积较大，也可采用墩接的方式。若木构件因干缩而出现劈裂，则需根据程度的轻重，采用不同的修补方法。对于宽度在半厘米以内的细小轻微裂缝，可用环氧树脂腻子堵抹严实；裂缝宽度超过半厘米时，可用木条粘牢补严；而当裂缝宽度在三厘米以上时，嵌入深达柱心的粘补木条后，还要根据裂缝的长度加一到四道铁箍。

第二种情况：木构件受损严重，已影响到结构安全，且便于更换，则进行构件整体更新。木桁条可直接进行更换，木柱更换，则需采用抽梁换柱的方式。

| 屋面 | | (单位：毫米) |
|---|---|---|
| 名称 | 构造做法 | 备注 |
| 屋面 1 | 小青瓦<br>底瓦 180×180，盖瓦 180×180，压七露三<br>1:1:4 麻刀石灰砂浆卧瓦层，最薄处 20<br>30 厚 1:3 水泥砂浆，满铺钢丝网<br>2.5 厚三元乙丙防水卷材<br>100 宽 10 厚杉木望板，上毛下光，柳叶拼接固定于木椽之上<br>原屋面构造层保留至木椽，木椽根据检测报告整体或部分更换 | 用于翻修屋面 |
| 屋面 2 | 小青瓦<br>1:1:4 麻刀石灰砂浆卧瓦层，最薄处 20<br>30 厚 1:3 水泥砂浆，满铺钢丝网<br>2.5 厚三元乙丙防水卷材<br>100 宽 10 厚杉木望板，上毛下光，柳叶拼接固定于木椽之上<br>木椽直径 60@200，上平下圆，固定于木桁上 | 用于披檐屋面 |
| 屋面 3 | 小青瓦<br>底瓦 180×180，盖瓦 180×180，压七露三<br>1:1:4 麻刀石灰砂浆卧瓦层，最薄处 20<br>30 厚 1:3 水泥砂浆，满铺钢丝网<br>2.5 厚三元乙丙防水卷材<br>100 宽 10 厚杉木望板，上毛下光，柳叶拼接，固定于木椽之上<br>木椽直径 60@200，上平下圆，固定于木桁上<br>木桁，直径与位置详具体单体建筑 | 用于平改坡屋面<br>或曲率改变屋面 |
| 屋面 4 | 小青瓦<br>底瓦 180×180，盖瓦 180×180，压七露三<br>1:1:4 麻刀石灰砂浆卧瓦层，最薄处 20<br>原屋面构造层 | 用于仅替换瓦片屋面 |

| 外墙 | | (单位：毫米) |
|---|---|---|
| 名称 | 构造做法 | 备注 |
| 外墙 1<br>涂料墙面 | 纸筋灰抹面<br>弹性底涂，柔性腻子<br>20 厚干粉类聚合物水泥防水砂浆防水层，同时压入一层耐碱玻纤网<br>专用界面处理剂甩毛，刷聚合物水泥浆一道<br>1）保留墙体去除面层，清扫干净，喷水湿润或 2）新建墙体 | 用于保留墙体重新粉刷<br>或新建墙体粉刷 |
| 外墙 2<br>仿古面砖墙面 | 仿古陶制方砖或仿古青砖面砖<br>粘结砂浆<br>20 厚干粉类聚合物水泥防水砂浆防水层，同时压入一层耐碱玻纤网<br>专用界面处理剂甩毛，刷聚合物水泥浆一道<br>1）保留墙体去除面层，清扫干净，喷水湿润或 2）新建墙体 | 用于保留墙体重做饰面<br>或新建墙体饰面 |
| 外墙 3<br>防腐木板墙面 | 300 宽 X10 厚防腐木饰面板，密拼，表面刷防火涂料<br>30 厚 X60 高水平向木龙骨膨胀螺栓固定于外墙，@400<br>20 厚干粉类聚合物水泥防水砂浆防水层<br>专用界面处理剂甩毛，刷聚合物水泥浆一道<br>保留墙体去除面层，清扫干净 | 用于保留墙体重做饰面 |
| 外墙 4<br>木编装墙面 | 20 厚木板整体编装<br>1.5 厚聚氨酯防水涂料或 2 厚聚合物水泥基防水涂料满涂<br>15 厚纤维水泥板<br>2.5-4 厚 60X40T 型轻钢竖龙骨固定于木梁，中距 600，填充岩棉<br>12 厚纸面石膏板 | 用于新建木编装墙体 |

青年街屋面与外墙构造做法

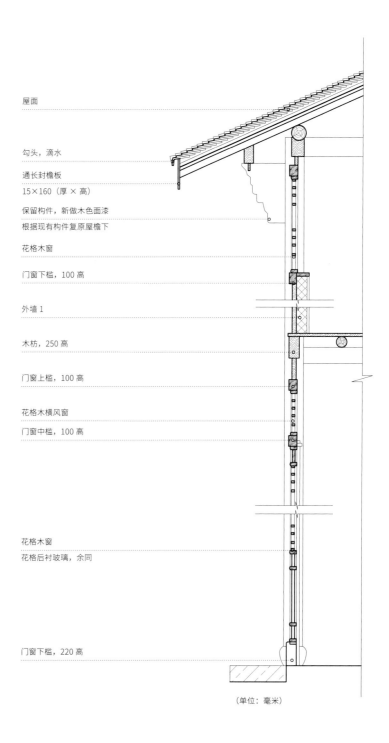

屋面

勾头，滴水

通长封檐板

15×160（厚 × 高）

保留构件，新做木色面漆

根据现有构件复原屋檐下

花格木窗

门窗下槛，100 高

外墙 1

木枋，250 高

门窗上槛，100 高

花格木横风窗

门窗中槛，100 高

花格木窗

花格后衬玻璃，余同

门窗下槛，220 高

青年街典型墙身大样                                        （单位：毫米）

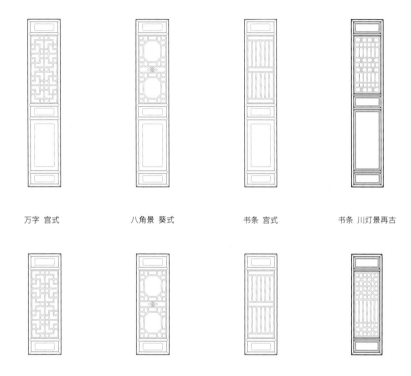

万字 宫式　　　　　八角景 葵式　　　　　书条 宫式　　　　　书条 川灯景再古

青年街门窗样式

最后一种情况：木构架受损范围较大或是已有整体倾斜的情况，则需进行落架大修。落架大修时，特别注意要先进行普查摸底，做好标写，待构件拆除完毕后，再逐一检查，保留完好的，更换损坏的。尽可能保留原有构件的目的，不仅在于节约材料，更是为了保留建筑的原有风貌和年代痕迹。

• 木作 - 小木作

沿街建筑的门窗经历了多年的风霜，在一代代住户的手里被更换或改造，已变得五花八门。木、钢、铝合金、塑料，各种材质，平开、推拉、固定，各种形式，需要整体协调。为了与木结构民居的特质相吻合，我们自然而然地选择了传统样式的花格木门窗。在门窗的开启方向上，结合传统做法和现实使用情况，做了一番推敲。建筑底层的门窗均为内开，一是考虑到青年街本身不宽，门窗外开会影响到街上行人的行走；二是内开的门窗其摇梗位于室内一侧，增加了房屋的安全性。建筑二层的窗则均为外开，更有利于室内空间的使用。此外，对于木门窗花格样式的选取，也确定了一些基本规则。凡是建筑中还遗存传统木门窗的，一律按其花格样式制作整栋建筑的门窗。另外，还指定了多种花格样式供选择，要求每栋建筑保持一致，相邻建筑则须不同。这样一来，沿街的门窗在整体统一中自带个性，连续而又不失节奏感。其他木构件如牛腿叉手、挂落插角、栏杆扶手等也基本参考木门窗的规则进行整治修缮。

对于空调室外机，尽可能移至侧面小巷或背面天井等隐蔽处，并制作木格栅空调机位；实在无法移动的，则在建筑沿街面增设传统样式的阳台，用于放置空调室外机。

• 瓦作 - 墙体

青年街沿街建筑外墙除小部分为实心砖墙，质量尚可外，大多为空斗砖墙，甚至还有少量的沙墙。结合房屋可靠性检测报告，遵循"可保尽保"的原则，对原有墙体尽可能不采用拆除新建的方法，而是采取加固措施，以更大化地展示历史面貌。墙体加固一般在室内一侧进行，采用混凝土加固层，配钢筋网。外墙饰面的修补，选用传统材料——纸筋灰，并适当做旧，与原有墙面之间做到远看相对统一、近看新旧分明的效果。局部采用木板饰面、仿古面砖饰面和水刷石饰面等外墙饰面，起到点缀效果。饰面施工前，在墙面不同材料基体交接处，采取加钉金属网或加贴玻璃丝网格布等防止开裂渗水的现代施工工艺。

　　墙体的勒脚，一开始考虑青石，但试用了几栋后，发现效果不佳，比较呆板。在和施工队的沟通交流中发现了老式青砖，将其错缝铺贴在墙脚，并做倒角处理，倒是与纸筋灰白墙颇为融洽。鉴于勒脚的经验，山墙上的窗楣也采用老式青砖，边角处略做切削，形成弧形起翘，同样显得朴素而又灵动。

• 瓦作 - 屋面

　　沿街建筑屋顶基本为小青瓦坡屋面，但大多有不同程度的损坏，需整体进行翻新。拆除原有屋面后，按照传统做法新做木椽、望板、防水层以及瓦屋面。选购小青瓦时，特意比较了几家产品，最后选择了与原有瓦片色彩肌理最为接近的一种。施工中，保留部分尚可使用的原有瓦片，新旧混用。对于少量小面积的平屋顶或露台，采用"平改坡"或加设花格木栏杆的方式，达到与整体协调的目的。

• 石作 - 街面

　　待市政工程完成后，为青年街的街面铺上石板。为了能找到理想的老石板，施工队跑了好多地方，最终购得的石板表面肌理令人满意，不过石板的厚薄不均给施工带来了不小的难度。铺设完成，又经过几场雨的洗礼，青年街真正散发出老街的韵味来。

改造前东立面

改造后东立面

改造前西立面

改造后西立面

改造后的青年街（来源：赵强 摄）

小楼一夜听春雨，深巷明朝卖杏花（来源：赵强 摄）

# 样板房

## 1 缘起：青年街四十一、四十三号

青年街里的房子年代各不相同，质量参差不齐，对于整条街启动修缮的过程中会遇到什么样的问题？存在许许多多的未知。政府希望能够在修缮老街的同时，既能改善民生，又能将新的商业业态植入，作为老街新生命的唤醒。但改善到什么程度？将来业态植入会碰到什么问题？一切都是随着过程展开才慢慢有了答案。带着这些困惑，经过和业主的共同探讨，我们决定选择老街上具有代表性的一栋二层小公房，对它进行标准化的修缮和室内功能改造。目的有二，其一是彻底的修缮，能暴露出尽可能多的问题，提前想好工程铺开后遇到各种问题的对策；其二，可以作为改造样板向公众展示成果，促进与住户的后续协商。这栋被选中的小公房，门牌号是青年街四十一、四十三号，我们叫它"样板房"。

样板房进深九米，沿街面宽八米，面宽方向分为两户人家居住：西侧一户面宽约五米，是一户华侨的老宅，平时没有人居住，这次修缮将进行功能改造为小民宿，作为新业态改造的样板；东侧一户现状有位八十多岁的老奶奶仍在居住，宽仅约三米，仅对现状结构及内部进行加固完善，作为原功能改善的样板。

通过实地与老奶奶的交谈，深为她生活的不便而感到纠心。于是我们决定来一次"适老化"的改善。东侧麻雀虽小但五脏俱全，现有功能分布为：二层卧室与起居，首层客餐厅与厨房，无独立卫生间。首先我们利用了楼梯下的空间，在首层加入了一个具有洗浴、坐便功能的卫生间，这样老奶奶再也不用跑去老街小巷的公厕。同时，为了避免她晚上起夜还需要下楼梯上厕所，在二层相同位置，利用楼梯旁一点点空间，我们设置了仅具有坐便功能

样板房的住户是一位老奶奶

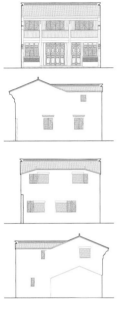

修缮后立面图

的小卫生间。西侧既然做民宿，我们把一层作为公共空间，满足现在年轻游客的社交需求：可以玩桌游的长桌、微型吧台、酒柜墙和厨房。同时，原空间里裸露的坐便器也被改为在楼梯下设置标准功能卫生间；二层设置两个房间，为了提高利用率，我们将坐便、洗手台和淋浴分别设置成单独的小空间，既能共享且保持独立。

考虑到对外经营特色产品的需求，我们在首层沿街位置也植入了一块作为特色小吃的售卖铺位。

## 2 修缮过程中的各类技术问题

• 结构

房屋多处木柱木梁出现不同程度的腐烂、风化与开裂，经由结构设计师、房屋检测团队与经验丰富的古建工匠共同分析，认定房子需要采用"落架大修"的工艺来进行修缮。落架大修为古建维修中"动静"最大的一种修缮方式，需要将房子整体木梁架拆卸下来，然后用好的构件替换不能再继续发挥其作用的构件，整体拼装回去。

整个修缮过程秉承"修旧如旧"的理念，比如砖瓦落架的过程中，瓦片全部小心保管，将破碎的瓦片剔除，没有破损的老瓦片与补进来的小青瓦共同组成修缮后的屋顶。在我们与检测团队的共同摸排下，发现枫桥老街的大部分民居都是砖木结构。这种结构的特点是木构架与两侧山墙共同组成承重结构，并不具备中国传统官式建筑"墙倒屋不塌"的特点。落架和组装的过程中，由于房屋年代过久，原本已颇为脆弱的空斗山墙出现了局部鼓包以及新的破损。于是对空斗砖墙进行了加固。在室内一侧贴着原墙体加建十厘米厚的含钢筋网片混凝土层，室外一侧用老望砖对风化孔洞部位进行补齐以降低其继续风化速度，达到了结构加固的同时保留了原有外观的目标。

• 保温

样板房现有保温条件较差。空斗墙里的空气层有一定保温隔热作用，但

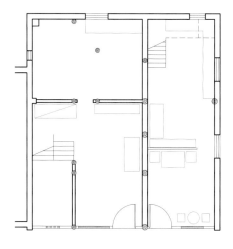

修缮前一层平面图

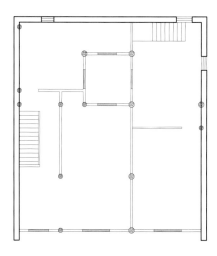

修缮前二层平面图

利用楼梯下空间置入卫生间

利用天窗加强自然采光

设置公共空间满足游客社交需求

特色小吃售卖铺位

修缮后一层平面图

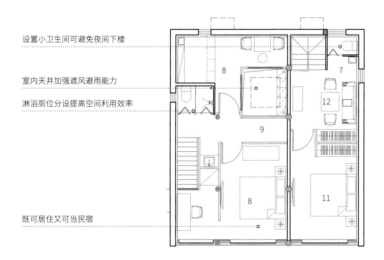

设置小卫生间可避免夜间下楼

室内天井加强遮风避雨能力

淋浴厕位分设提高空间利用效率

既可居住又可当民宿

修缮后二层平面图

| | | | |
|---|---|---|---|
| 1 玄关 | | 7 卫生间 |
| 2 档口 | | 8 客房 |
| 3 餐厅 | | 9 天井 |
| 4 吧台 | | 10 客厅 |
| 5 西餐厨房 | | 11 卧室 |
| 6 中餐厨房 | | 12 起居室 |

老家具在修缮开始当天就被统一妥善保管于政府预留好的仓库中，等待修缮过后重新回归。

沿街的木饰面却只是一层不到两厘米厚的木板，窗户玻璃为不具备保温作用的单层玻璃。为了提高保温性能，我们在木饰面背后内衬一道一百厚的保温衬墙，并更换了双层中空玻璃。

• 水电

由于新设卫生间及厨房位置改变，现有的进水接口位置需要变更位置，同时需新设排污排废管道。原先的电表箱在沿街立面上挂设，十分影响街面风貌，我们将其转至背后小巷。

• 空调室外机

由于将来古镇旅游发展的需求，我们将原先的沿街混乱的空调室外机尽可能移至背后小巷中，并且对整条老街的无法改变位置的空调外机都设置了类似挂落的花窗机罩，原先的空调机管线换新。

**3 改造之后的效果**

样板房最终的状态，外观上似乎变化不大，我们通过墙体内侧加固，坚持保留了原墙体的斑驳感，在沿街立面的木饰面也依然如故。但仔细看，样板房却是一种"新旧共存"的状态：

• 木构件

立面上的木构件既有保留的旧木板，也有替换后的"新伙伴"；木构架中，保留了仍能发挥结构作用的木梁木柱，也用新构件替换了腐朽风化的木构件。"新伙伴"大致占了百分之二十，且用做旧的手法，让它们成功地混入其间而不被发现。

• 家具

老家具在修缮开始当天就被统一妥善保管于政府预留好的仓库中，等待

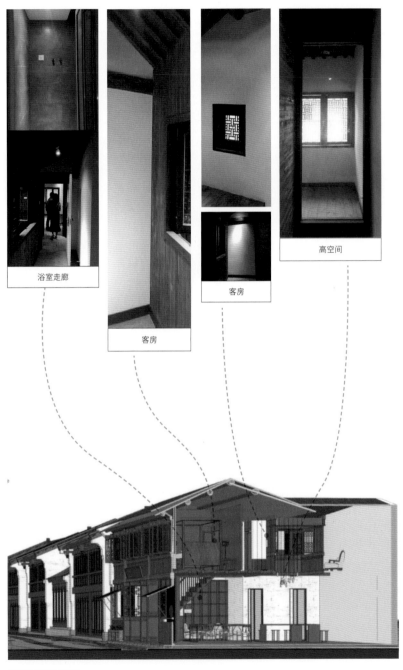

浴室走廊

客房

客房

高空间

样板房功能空间示意

保留了山墙斑驳的风貌

修缮过后重新回归。老的窗户不仅能采光通风，还兼具储物功能，在加固墙体过程中，被小心翼翼地保留了下来，也算一种"当地特色"。

• 山墙

在落架大修过程中，山墙顶部的望砖与墙垛不可避免地要拆下来一些，在补回去之后，我们对修补部位采用了老墙面的面层做法，但没有将面层铺满整墙，反而形成了独特的斑驳风貌。

样板房作为试点以及重点建筑，有它的特殊性，在工程预算上相对宽松，但整条街老街的改造预算是有限的，在进行样板房的竣工决算后，老街上大部分民居只能进行外立面的翻修，只能在几个重点建筑进行业态的更新以及整体内外修缮。

在修缮的过程中，陆续接到街坊邻居反映自家进出水接口调整的需求，也看到整条街面上分布非常散乱的电表箱，这些需要调整的内容如果能够结合街道市政改造进行统一考虑，施工上便更为方便快捷。

我们更加坚持，还能继续使用的构件尽可能原位使用，在风貌上既不会造成"全新"的效果，也避免了因为要固守"原有风貌"而无法提高住户生活品质的问题。

# 五角星楼

　　三十四号、三十六号是青年街上为数不多的保存较为完整的一组历史民居建筑，大门上有一个硕大的五角星，是一九五〇年起设于此处的枫桥派出所留下的历史痕迹。由于这个醒目的五角星标志，平时我们就称这组房子为"五角星楼"。起初"五角星楼"是一个代号，但随着设计的深入，"五角星楼"慢慢地变成了一个外号，就像叫一个朋友那么亲切。

## 1 前期准备

　　为了这幢"重要"建筑，我们组建了一个由浙大建筑系的老师、研究生与本科生组成的设计小组。经过多次现场调研，选出了七栋有较高历史价值的老房子作为一期工程的设计对象。每位组员都分到了一栋建筑进行设计，建筑功能多样，有展厅、书画社、旅馆、药店、住宅等。这次设计是同学们第一次参与实际的工程，大家都摩拳擦掌，跃跃欲试，期待自己的作品能早日落地建成。

## 2 精准的测绘

　　经过两次实地测绘工作，在激光测绘仪等现代测绘工具的帮助下，测绘的精度提升到了厘米级，测绘出的平面也与政府提供的总平面完美契合。测绘期间还发生了一个小插曲，在测绘五角星楼时，建筑的二层有一部分损毁特别严重，当时有个女组员突然脚底一空，一只腿完全陷进了楼板里，曹老师眼疾手快，一把抓住她，最终在帮助下，幸好得以脱身，两人退回到了安全地带。由于年久失修，建筑二层的楼板损坏严重，支撑不住人的重量，造成了这次意外，这个意外也让我们在后面的测绘中更加注意安全。

五角星楼新旧对比

### 3 功能的更迭

通过走访当地居民和考据文献，我们了解到五角星楼在历史上曾经承担过店铺、派出所、旅店、老年活动中心等功能，比如建筑大门上方那颗硕大的五角星就是当时作为派出所留下的标志。又如院子门洞上方留下的"性养"、"颐年"的文字就是当时作为老年活动中心留下的。在测绘过程中，我们在三十四号发现建筑中存放着大量纺织原料，房子正在被当作仓库使用。而从三十六号墙壁上留存的大量儿童画，以及房子中遗留的大量生活物品，推测该建筑也曾承担幼儿园及居所的功能。至此判断五角星楼在历史上曾经承担过店铺、居所、派出所、旅店、幼儿园、老年活动中心、仓库等至少七种功能。这充分展示了传统建筑的包容性，也引发了我们对传统建筑功能更迭的思考：传统建筑的功能也并非一成不变的，不断调整功能，建筑的生命力才能持续绽放。最终我们决定为五角星楼置入新的功能，期望通过新的功能激活老街活力。结合当地政府的意愿，五角星楼被定位为"枫桥经验展览馆"，承担展陈功能。

### 4 克制的修复

设计策略上，提出了"克制的修复"设计策略。虽然五角星楼饱经风霜，多处损毁，甚至有的部分已经面目全非，但我们希望可以尽量保存这栋历史建筑遗留下的历史信息，向未来的游客讲述它曾经的故事。在充实的前期基础工作下，我们遵循了青年街"修旧如初"、"功能激活"、"以新补新"三个设计原则应用于具体的设计中，期望在最大限度保存建筑历史价值的前提下，激活建筑。

• 修旧如初

在保留历史痕迹、修旧如旧的基础上，进一步提出"修旧如初"的原则，即以建筑生命周期中的鼎盛时期为蓝本，恢复传统建筑的本来面貌，使其重新焕发出强大的生命力。我们将建筑现有的三个天井全部保留，修复天井四周的立面，同时将三十六号损毁的天井及改建成楼梯的天井也一并恢复。通

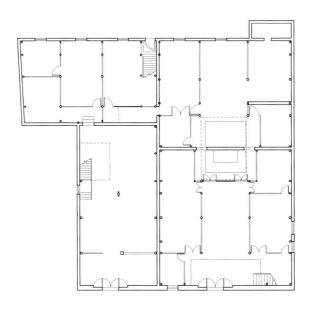

修缮前一层平面图

注：该楼改造前为废弃仓库

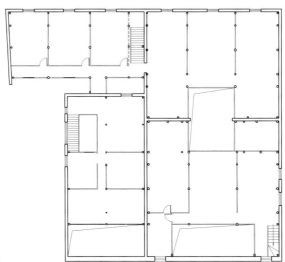

修缮前二层平面图

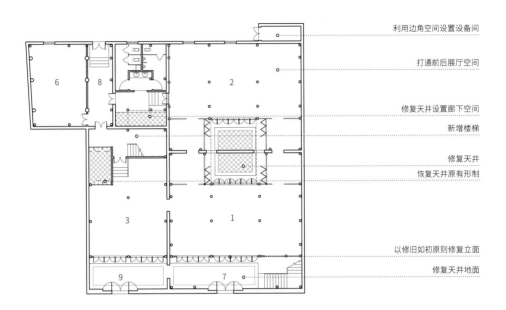

利用边角空间设置设备间

打通前后展厅空间

修复天井设置廊下空间

新增楼梯

修复天井
恢复天井原有形制

以修旧如初原则修复立面

修复天井地面

修缮后一层平面图

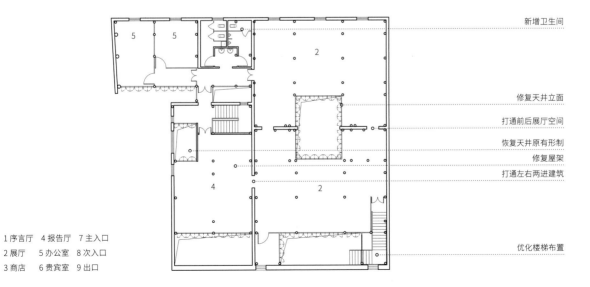

新增卫生间

修复天井立面

打通前后展厅空间

恢复天井原有形制

修复屋架

打通左右两进建筑

优化楼梯布置

1 序言厅　4 报告厅　7 主入口
2 展厅　　5 办公室　8 次入口
3 商店　　6 贵宾室　9 出口

修缮后二层平面图

过五个天井的处理，将"五角星"的格局恢复到一个较为理想的状态；尽量保留了建筑原有的材料与颜色，不进行新材料的替换。已经损毁的部分也参考建筑原有的做法进行修复；将建筑残留的历史痕迹做了复原，例如在不同历史时期残留的门口的五角星及天井里的文字我们都做了保留及复原处理，尊重各时期发生的故事，让建筑自己述说历史。

• 功能激活

　　"建筑是人类活动的容器"。因此，建筑的最大价值在于被使用，这一点在该建筑中得到了很好的体现。历史上，青年街三十四号、三十六号曾经承载了店铺、居所、派出所、旅店、幼儿园、老年活动中心、仓库等多种功能，充分展示了传统建筑的包容性。在新的历史时期，随着枫桥古镇复兴，我们为这组目前基本闲置的建筑置入了展览功能，并打通了原本互相独立的两栋房子。在最小限度干预建筑的前提下，我们合理设置了展览的前区、展厅及后勤部分，实现了建筑功能的转换。

• 以新补新

　　新功能的置入，必然带来新的系统设备、建筑构件和室内家具，我们将新置入的卫生设施、空调设备、灯光照明、视听装置、展陈家具等与原有的建筑构件脱离，新与旧成为两个相对独立的体系，避免对传统建筑原有的完整性和清晰性产生影响。

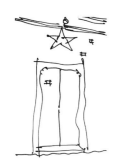

## 5 后记

　　二〇一六年完成设计至今已经快四年了。由于当地政府决定新建一个"枫桥经验展览馆"，"五角星楼"最终没有承担原定的展览功能。之后一位广东老板盘下了"五角星"开了一家名为"越中书局"的书店，很有文化氛围。不过这倒也印证了我们设计之初的判断：不断调整功能，建筑的生命力才能持续绽放。希望"五角星"能在未来更多承担重任，为老街的复兴贡献一份力。

# 银行的外墙

　　青年街两侧，在连续的传统木构民居中，门牌号为四十五至四十九号的房子多少显得有些与众不同。褪淡后依然显眼的黄色外墙，剥蚀后依然可辨的壁柱与线脚，让它一下子从统一的背景中跳了出来，引起我们的注意。

　　测绘、鉴定、问询、查资料，一系列的调研工作后，它的历史脉络逐渐清晰起来：房子大约建于民国初年，与周边的建筑相仿，是传统的两层木结构民居。中华人民共和国成立后，这里成为中国人民银行的一处营业点，随之对沿街立面进行了改造，在木编装外加砌一道装饰性空斗砖墙，形成了简约的欧式立面风格；银行撤走后，房屋又恢复了居住功能，依开间自然划分为三户，出于生活的需要，住户陆陆续续对外立面进行了改造，逐渐形成了现在我们看到的样子。

## 1 修缮方案

　　修缮方案在一开始就引起了争论：如果将老房子的历史脉络比作计算机的"系统时光机"，那么"一键还原"的时间节点应该选在何时？一种观点认为，就应该恢复到百年前房子初建时的模样，让它重新融入青年街的沿街连续立面中去；另一种观点则认为，应该将时间调回到半个多世纪前，让它重现作为银行时卓尔不群的面貌；也有人觉得，不必有太大的动作，只需要按现在的立面，稍加整修即可。

　　最终，第二种观点占了上风，原因有三。首先，就整条街的立面而言，过于单一的风格，容易因缺少变化而导致乏善可陈，造成视觉疲劳。适当地、有依据地求同存异，则可在保证整体面貌相对统一的前提下，让个别建筑突显鲜明个性，为原本相对平淡的街道带来记忆点和节奏感。其次，银行时期

墙面
斑驳

开窗混乱

历史价值无法实现

修缮前中国人民银行外立面

的改造虽部分遮盖了房子的原初面貌，但也是青年街曾经繁华商业的见证者，是带有鲜明时间印记的遗存。从尽可能多地展现社会发展历史断层的角度出发，这个时间节点所具有的价值要高于房子初建时和现在。况且，从远景规划来看，青年街将打造成为兼有特色商业和旅游民宿的传统步行街，居住功能将逐渐淡化，现状立面上因生活需要而开设的门窗洞口并不符合未来的功能需求。

## 2 墙面材料

　　第二次争论出现在外墙饰面材料的选择上。如前所述，黄色的外墙是这栋房子最主要的特色，当时的做法是在水泥砂浆基层上刷黄色涂料，但由于砂浆中的砂子比例过高，水泥含量不足，再加上半个多世纪的风雨日晒，大部分表皮已经起酥，稍用力一蹭就会脱落。看来想完整保留原来的墙面无法实现，必须结合墙体加固重做面层。争论的焦点在于，面层应该选择何种材料以及相应的工艺。如果沿用原本的材料配比和施工工艺，可以做到原汁原味，但无法满足对墙面质量的要求，施工队首先提出异议，认为无法通过验收。但按照当下施工规范重做的水泥砂浆涂料墙面则过于光滑，即使采用表面弹涂的工艺，也无法重现原有墙面砂粒状的细腻质感。选用真石漆的提议一开始遭到了大部分人的反对，按照通常的认知，真石漆固然安全可靠，但往往被用来模拟石材质感，会显得过于高档，与房子本身的气质不符。那么，如果采用毛面处理，并适当调整配料比例，真石漆是否能做到想要的原真效果呢？

　　在我们的提议下，施工队做了墙面的对比试样，其中包括水泥砂浆涂料墙面和三种不同原料配比的毛面真石漆墙面。现场的真实效果让大家认同了真石漆，从中选择了最接近原有墙面色彩与质感的一款用于施工。

## 3 关于时间

　　两次争议其实都与时间有关。

修缮后的中国人民银行（来源: 赵强 摄）

　　第一次引起争议的是：当呈现历史时，应当将回溯的指针拨到哪个时间刻度，这其实与我们对所谓历史的认识有关。剔除老房子上所有后来附加的东西，让它回到最初的模样，修旧如初，固然是一种选择；保留所有时间的痕迹，不抹去一丝岁月的沧桑，修旧如旧，当然也是一种选择；那么，让它停留在时间轴的某个点上，保有或鲜活，或成熟，最荣光的状态，何尝不是另一种选择。

　　第二次引起争议的是：是否可以让当下与过去叠合交织，以现代的技术手段展现历史的面貌，这其实与我们对所谓复原的认识有关。我们想要恢复的原来具体指向何处，材料、工艺还是做法，或者应该是由色彩、肌理和质感所共同构成的视觉印象和触觉感知。历史建筑的复原，不应该古板地拒绝任何现代技术手段，而是应当正视技术的进步。让当下渗入过去，让现代与传统交织，未必不是一种正确的选择。

# 拳馆和旗袍馆

　　民国年间，青年街还叫大部弄，作为明清以降逐步形成的枫桥南市，在这个时期达到了鼎盛。从孝义路跨彩仙桥经大部弄至十字路口，这条六百多米长的街道，既是会稽山区出入枫桥镇的必经之路，也是商铺作坊林立的繁华所在。而当我们第一次踏入青年街，似乎完全捕捉不到一丝当年的热闹气息。仅有的一家小卖部，成为调研时购买点心饮料并顺便歇歇脚的据点。冷清的街道上，梁奶奶孤单地坐在自家门口的藤椅上晒太阳。老旧而略显破败的沿街建筑更加重了这里落寞的气氛。

拳馆与旗袍馆

　　建筑及周边环境的整治修缮是设计师的工作，我们也有信心让这些硬件设施重焕容光。然而，街市的复兴仅靠这些还远远不够，业态介入进而聚集人气是另一项重要工作，需要同步进行。对此，我们在策划阶段，就多次向建设方提出建议，但由于涉及管理模式、资金投入、业态选择等种种复杂而又相互牵连的因素，引入业态的工作迟迟未能落实。直到青年街的整治修缮工作基本完成，事情才有了起色。

　　越中书局、义安拳馆和旗袍馆算是最早的三个项目。其中越中书局落脚在青年街三十四至三十六号，也就是我们俗称的"五角星楼"，为这座历经百年、几经更迭的院落又带来了一番新的气象。义安拳馆和旗袍馆则在青年街二十七号、二十五号比邻而居，一刚一柔也算是相映成趣。

　　二十七号位于青年街中段，大约建于一九四九年，前后两栋二层高的木结构建筑围合了一个不大不小的院落，建筑面积约四百二十平方米，与拳馆

拳馆原本较密的柱网

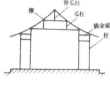

抬梁式结构

理想中的规模正好契合。问题在于，拳馆的核心场所是练拳大厅，需要无柱且层高较高的大空间，原有的柱网较密的平面格局显然无法满足功能需求。正好靠后的那栋建筑一开始并未列入沿街建筑整治修缮的范围，且已局部坍塌，可以结合新功能落架重修，在保持原有建筑外轮廓不变的前提下，对内部空间格局进行合理调整。第一轮方案时，使用方建议是否可以采用钢结构。从结构形式与空间尺度的契合度而言，钢结构是合理的选择，但综合考虑现场施工条件，这一建议被否决了。一是因为钢结构因自重必须新做或点或条或板的混凝土基础，但重修建筑的部分墙体是与相邻建筑共用的，无法拆除，基础只能避开一定距离，采用悬挑地梁的形式，结构受力上并不合理。况且周边建筑密集，基础施工时稍有不慎就会对本就不那么结实的老房子造成不可逆转的损坏。二是当时青年街已整体修缮完成，街面铺上了老石板，钢结构材料及施工设备很难进入狭窄的青年街，即使勉强进入，也存在压坏老石板的风险。看来还是得在木结构上动脑筋。仔细研究了原有建筑的木架结构后，我们提出了重修方案：抽掉一二层之间的楼板和格栅，形成通高空间；采用抬梁的方式，取消两根正榀脊柱，在建筑中部形成较为开阔的空间。经结构验算后，方案得以实施。重修后的练拳大厅保留了传统建筑的历史韵味，又满足了当下功能的空间需求，结合沿街建筑中设置的品茗、休息、阅读等功能，义安拳馆既是当地百姓习武练拳、外地游客游玩互动的去处，也是宣传"忠孝义安"这一枫桥传统文化精神的场所。

旗袍馆的入驻更为顺利些。修缮后的青年街二十五号，建筑空间的尺度和格调与使用者心目中旗袍馆该有的气质基本吻合，只需对交通流线及局部空间略作调整即可。还记得第一次的现场交流，当我们和使用方对厨房、卫生间和办公室的家具设施深入探讨后，双方不约而同地将目光投向了房子中部的小天井。地面铺上青石板，再点缀些花草、山石，除白山墙以外的三面用雕刻精美的木长窗围合，想象中的天井俨然成了旗袍馆的核心空间。实施完成即将投入使用的旗袍馆，基本实现了初次沟通时对它的描画，当地居民自发举办旗袍活动，偶有身着旗袍的姑娘穿梭其间，掩不住典雅的传统韵味。

旧时的大部弄，现在的青年街。书局、拳馆和旗袍馆已经开门迎客，酒文化馆也准备就绪，只等馆长的到来。不久的将来，符合古镇气质的店铺肯定会越来越多，里人和游客自然会被吸引，踏上青年街新铺的旧石板。曾经的南市，会回来吗？

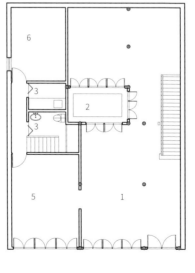

旗袍馆一层平面图

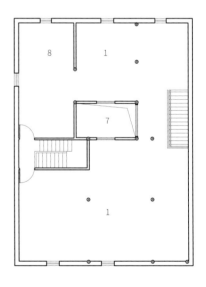

旗袍馆二层平面图

1 展厅　4 会议室　7 天井上空
2 天井　5 前台　8 办公室
3 卫生间　6 休息室　9 厨房

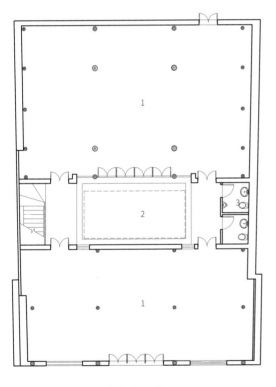

拳馆一层平面图

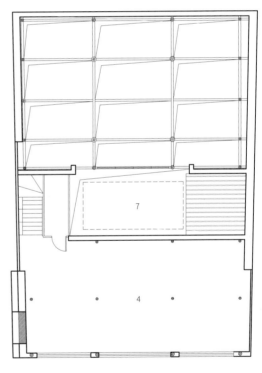

拳馆二层平面图

# 市政改造

像很多江南老城区的小街里那样，青年街上的市政条件较为落后，最明显的特征就是：街道上的电线纵横交错，整条街道的上空因此显得非常杂乱。街道并不宽敞，电线杆也在街道中占据了一定的宽度，给居民出行带来了一定不便，同时有些废弃失修的断线也具有一定的安全隐患。与电相关的还有白色电表箱，没有经过统一规划，而是散乱分布于各家的墙体，位置较为随意。

陈旧的市政设施不仅非常影响老街的风貌，更重要的，排涝设施陈旧，排涝管道缺乏，燃气、弱电管线也还没有把现代生活的基础配套设施导入古镇，给居民的生活带来了相当程度的不便，成了老街居民逐渐外迁的原因之一。因此老街的改造中，市政相关的改造便成为非常重要的一环，同时它也是未来老街旅游发展的重要基础之一。

青年街市政设施原始样貌

市政的改造似乎看起来较为简单，但电线上改下，修补排水管道，增设排污管道，燃气、弱电管线，接口调整，电表箱规整等这些，真正实施起来的难度超乎想象。我们要来了之前道路市政的图纸，市政专业按图纸和需求进行重新设计，到了施工时，却发现跟原来图纸与现状差距很大，所有设计图几乎都要根据现状重新调整。在前所未有的困难下，设计单位与施工单位通力合作，借助施工单位的逐一摸排克服阻力，设计现场调整才得以推进。

青年街约两百三十米长，虽然很短，大大小小房子统计下来，住户也不少。有人提出来，一旦全面开挖施工，住户每天的外出与回家又成了另一道难题。由于建筑工程是个较长周期的活动，并非能一蹴而就，这与居民的正常生活形成了矛盾。我们的解决办法是将本身就不长的老街再次分成前后两段，分时间开挖，结合背街小巷，保证居民在施工时期的正常出入，由于市政改造切实地提升了居民的生活品质，大家都毫无怨言，积极配合。

　　经过紧锣密鼓的工期，最后呈现的街道样子相对于改造前，清爽了不少，老街的天际线清晰地展示出来。水电管线被妥善而顺畅地排布在拼接完整的老石板路下。也许相对于建筑风貌的改变，市政的梳理没有立竿见影的效果，但它对于当下原住民生活品质的改善，未来旅游开发具备的基础条件，是另一个重要的意义。

和平路

板橋溪之一

# 和平路

历史上，枫桥老街有纵横两条，呈十字分布，两街均有千余米长。老街形成于魏晋南北朝时期，宋时枫桥老街已形成上、中、下三市繁华局面。二十世纪三十年代中期，老街已商铺林立，成了在绍兴地界有名的货物集散地，和平路为集市中最为繁华的地方，据《枫桥镇志》记载"中市自五显桥经十字街口、大庙前、杨树下至枫桥头，全长约四百米，中华人民共和国成立后叫和平路。大庙前是枫桥镇最繁华的地段，街面平均宽度四至五米左右，店面多是砖木结构两层楼房，间有西式店面汇晋、汇昌，经营华洋哔叽、呢绒绸缎、布匹。大街上照牌耀眼，琳琅满目。著名的老店有三元饭店、萧公茂酒店、萧万茂酒店、北春阳南货店、恒舒泰南货店、鼎和酱园、瑞泰酱园、恒丰烟店、汇泉隆棉布店、高义泰棉布店、茂大南货店、恒春堂药店、济生堂药房、大华印刷厂、义泰肉店以及米店、杂货店、茶馆、水作店、铜器店、银楼、烧饼铺、灯笼店等。枫桥大庙门口集中了小卖小吃，有豆浆、馄饨、汤圆、麻糍、包子、炒面、糖糕。"这条自西向东的小街记载着小镇昔日的繁华。

## 1 项目概况

现如今的和平路有百分之五十的建筑依旧保持着当年的砖木结构两层楼房，但在与青年街交叉处则已经被四五层楼高的"筒子楼"取代，筒子楼的西侧对角处静卧着镇上建筑形制最高的建筑——枫桥大庙，便是镇志上所说的。

当二〇一七年我们与他相遇时和平路上的建筑墙体渗透着水渍，屋面也年久失修，店招凌乱破败，大部分的铺面皆紧闭着门，零星的开着几家商铺，除了一家当地小有名气的牙医诊所有些许人流出入，余下的澡堂、照相馆、服装店、药铺皆门可罗雀，连枫桥大庙也看着常年缺失修缮，门前只留了一人象征性地收着门票。但这条衰败成这个模样的街道，却在整个枫桥古镇更新规划中盘踞着一个重要的位置，它衔接着古镇各个重要节点，如何合理地将其与各个节点衔接，成为本次和平路改造的重点。

**2 改造策略**

• 空间衔接

针对和平路的"两端一核"进行梳理，实现与其他路段的空间衔接。

"两端"，和平路分为南北两个端点。南端连接五显桥，串联着作为生活区部分的桥上街段与沿江两岸段，北端为规划中的枫桥古镇的次入口。项目设计中取消和平路对机动车在该段的通行功能，因此对和平路的两端进行重新打造，取消南端坡道，将其设计为石台阶形式，北端将部分建筑拆除后拓宽其空间，将其打造为次入口广场，集散游客人流的同时兼顾周边居民对公共空间的需求。枫桥大庙作为和平路乃至整个枫桥的核心区域，现阶段狭小的街道无法承载未来大量聚集于大庙的人流，在考虑大庙对面的建筑为二层砖混结构且不存在保留价值后，选择将内部业态移植至他处后并将建筑拆除，以拓宽大庙前场空间并对其进行重点塑造。

• 形式衔接

现如今和平路建筑形式多样，除了两端似于青年街样式的二层木构小楼与枫桥大庙外，余下便是几幢四、五层高的筒子楼和一幢三层高的长条沿街商铺。我们的原则在于保留与延续。

和平路两端的二层的传统木构建筑，延续相交路段青年街"修旧如初"的改造形式，并为其根据实际情况为商铺设计木质店招，现如今北端部分因为亲人的街巷尺度和原有的商铺基础，成功地与天竺路商铺形成连续，形成了一段小具规模的商业群落。

改造后的和平路（来源：山嵩 摄）

大庙南侧的三层混凝土楼，因为两端皆与传统木构建筑相连，并因其体量与二层木构建筑相似，为保证立面形式的延续，我们采用"还原如旧"的改造形式。对屋面和立面参考传统建筑形式进行改造。首先，屋面遵循传统屋面弧度将其进行"平改坡"，材料上选择小青瓦覆盖，在保证形式统一的同时也解决了原平屋面漏水的问题。立面上采用传统建筑立面色彩比例将木饰面与白色涂料配以和谐比例，增设传统檐廊，立面构件上也都延续传统木构件形式。与青年街相交的筒子楼的转角处也遵循这一改造原则。

和平路上的余下部分为四五层高的筒子楼，作为整个古镇独有的几座高楼，选取何种方式使其与古镇其他路段衔接成为本次改造中的难点。方案阶段我们提出将其全部改造为古建筑样式或是索性突破传统改造为现代形式等多种可能性，但都显得突兀。最终我们选择了一种较为妥帖的改造方式，保证人行走于街巷的连贯性同时也尊重建筑现状建筑形式。对筒子楼底部两层采用传统木构形式，将一层缩进部分设计为传统檐廊形式，立面采用木饰面与白墙相结合的手法，并通过出挑的披檐对二层以上部分进行视线上的遮挡，保证游人通行此地时依旧延续传统街巷的体验感。二层以上立面对原有的建筑样式进行保留，此处立面为二十世纪八九十年代常用的建筑面层材料——水刷石，不同楼采用遮阳板各异，但在外侧皆镶嵌着不同图案的方形瓷砖，窗户还保留着当时流行的铁艺格子玻璃窗。这些材质与组合方式映射出即使是快速建造的年代里，人们对于美的追求与设计的坚持，这些细微的用心我们很想保留下来，同时也希望时间轴不被剪断，人们路过此地便明了这里的更替。

• 业态衔接

和平路往日的繁华基于丰富的业态环境，当时光米面店就有四五家的业态分布是现在所不能比拟的。在和平路重塑中我们尝试着挖掘和平路所拥有的特别的历史，将过去的故事植入现状未被使用的店铺中，将沿街面的业态进行补充，与过去的和平路业态进行衔接。同时为现有业态进行店招定制设计，对已有的沿街商铺进行巩固并将其融入改造后的街区环境中。并在未来业态规划中与"快闪店"相结合，刺激周边业态，吸引更多的居民和游客在此处聚集。在改造设计的过程中遇到这样一段插曲：有一家商铺的店招为长方形的红色亚克力店招，较大的体量与和平路的整体基调相冲突。我们在甲方的帮助下与店主进行多次沟通，却始终都无法改变局面。店主因为与品牌总部签了合约，如果改变店铺商铺需要赔偿合约金的原因拒绝我们对店招进行任何改动。沟通的过程中我们还尝试采用乌镇等已成型的古镇为案例直接和品牌商进行沟通，最终我们还是没有成功将那块红色的招牌从立面上褪下，作为建筑师的我们对此感到有些遗憾，但最终的结果也并没有与我们的目的相违背，我们的改造目的也只是希望这条路的业态可以丰富起来，整条街道可以恢复旧时的热闹时光。

# 大庙前广场

## 1 枫桥大庙

　　大庙本名紫薇侯庙，又称杨相公庙，枫桥人则习惯称其为大庙。在古镇的传统上，这里既是空间的中心，又是精神的中心，因而也自然成了生活的中心。大庙位于和平路中段，庙基原为枫溪东西两溪间的高地，如"浮出湖面的荷叶。[①]隋唐时，枫桥为婺越通衢，会稽咽喉，东西两溪分别建有枫桥、五显桥。高地位于两桥之间，因其形、势而又被称为元宝心，成为枫桥人祭天地社神之处。明嘉靖年间，迁建杨相公庙于此处，东侧的丁家祠堂旧址亦并入庙内，此为大庙初现。清同治元年（一八六二年），大庙毁于太平军之手。光绪年间，里人集资重建，形成了包括钟楼、鼓楼、门厅、戏台、中厅、后殿和厢庑的建筑群落，遂成大庙今日所见之格局。二〇〇一年，在枫桥镇政府的组织下，大庙进行了全面修缮，待来年竣工后，于庙内建立了"枫桥历史文化陈列馆"。

　　大庙被称为杨相公庙，源于宋时杨俨。据传，此人仗义疏财，能急人之难，乡人怀其德，呼杨为神。杨俨死后，百姓为其立庙塑像，祈保一方平安。明嘉靖三十三年（一五五四年），枫桥义勇抗倭，如有杨神旌旗相助，后朝廷敕封杨神为护国保民紫薇侯。一九三九年，周恩来同志视察浙东抗日前线，途径枫桥，登大庙戏台，向枫桥群众宣抗日救国之言。大庙见证了枫桥近五百年来的风风雨雨，也逐渐成了枫桥人心中有形的精神符号。

　　大庙中供奉的杨、潘、柴三神，身前是船工、商贩、烧炭人，并非仙人，百姓与他们实无距离，颇为亲近。故旧时大庙内设有茶馆，小吃摊贩更是布满庙门内外，每日熙熙攘攘，庙内还时有绍兴大班和嵊县越剧演出。等到每年农历九月十五前后的迎神赛会期，更是热闹非凡，这被称为台阁市的庙会

①据《枫桥史志》记载，古时，枫溪涨水，周皆被淹，唯此平陆周围百米以内始终出露水面，遂被喻为"浮出湖面的荷叶"。

大庙中供奉的杨、潘、柴三神
（来源：贾方 摄）

枫桥大庙本名紫薇侯庙，又称
杨相公庙，枫桥人则习惯称其
为大庙。在古镇的传统上，这
里既是空间的中心，又是精神
的中心。

枫桥大庙戏台（来源：贾方 摄）

大庙前广场总平面图

①戏台自额枋出开始层层出挑小斗拱，收缩集结于顶部中心。藻井的整体形状如民间饲养家鸡的竹编笼子，故俗称"鸡笼顶"。

活动历经四百余年而不衰，是枫桥传统生活中的盛事。明张岱《陶庵梦忆》中的《枫桥台阁》篇、明陈老莲的《观秋社》诗和清郭毓的《枫溪秋赛曲》都有对台阁市热闹场景的描述。

二〇〇五年，枫桥大庙被列为省级重点文物保护单位，格局和建筑都被完好地保护下来。进入大庙，门厅旁为面向中厅的戏台，歇山顶，天花采用弯隆式藻井，制作精良。①戏台前的院落有三百余平方米，石板满铺，左右厢房置于两侧，与中厅的门廊一起形成一个完整的观演空间。中厅面宽五间，前槽采用歇山顶，外檐施以七踩斗拱，象鼻昂，牛腿人物用透雕、浮雕，装饰精致，制作讲究，造型逼真。后殿七开间，为硬山顶，居中三开间供奉杨、潘、柴三神。

现在的大庙显得冷清，除了在门房喝茶打盹的大爷，难得有人进来，即便是偶有三三两两的游客，也只是走马观花，匆匆而去。庙前的空间只留下了和平路的宽度，大约七八米，逼仄的空间掩盖了大庙的神采，不要说热闹的庙会，连临时的小摊也无立足之地。没有空间便没有活动，大庙就这样与古镇的生活渐行渐远。

## 2 大庙前广场

项目初启，我们用总图结合无人机航拍研究古镇的肌理，延绵起伏、交叠错接的屋顶，或宽或窄、或曲或直、交织成网的街道巷弄，大小不一、星罗棋布的院落天井，如此动人，但又总感觉还缺点什么。随着项目的逐渐展开，我们又一次次地在古镇中穿行，那种缺点什么的感觉愈发强烈。直到我们将目光投向大庙，思考它如今显得冷清的原因时，答案浮现了。随着年复一年的改建、扩建、新建，古镇中那些原本会诱发、聚集活力与人气的公共开放空间被逐渐蚕食，以至于几乎消失殆尽。古镇更新不仅仅是对历史遗存的修缮保护，对既有建筑的改造整治，更应当作的是对空间肌理的梳理与修补，有时候需要拆。

结合对古镇空间格局的解析，历史成因的研判，以及未来旅游功能的设

拆除区域                                    大庙位置

大庙与前广场位置

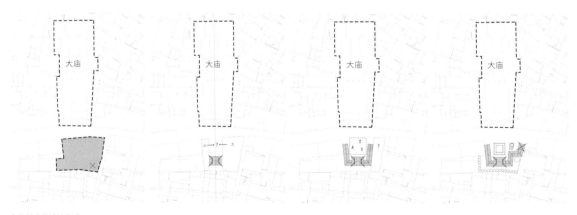

大庙前广场设计生成

定，我们审慎地选择了三处建议拆除建筑腾出空间的区域，上报给镇政府。经过一轮轮的协商、沟通和实地调研，最终确定了两处区域，而大庙前正是其中之一。

拆除的建筑包括正对大庙的六栋二层砖木结构建筑，以及一些附属的小型建构筑物，共腾出约八百平方米的空地。当然，我们也知道，空地不等于空间，更不等于能引发公共活动的场所，还需要用建筑的语言来界定空间，营造场所。

设计的起点还是来自大庙。我们尝试着将大庙的中轴线向东南方向延伸至基地内，考虑在最远端设置一个歇山亭，既作为中轴线的终点，也是大庙的对景。这时，第一个问题出现了，被中轴线划分的左右两侧基地大小过于悬殊，无法平衡。于是我们将歇山亭往东北方向平移了两米。虽然在制图的过程中，两米的偏移显得特别明显，然而在现场，几乎没有人会发现这个小小的错位。

由歇山亭和两侧连廊共同构成的"U"形，界定了一处有较强围合感的小型广场空间，大庙前随之开阔起来。然而第二个问题又出现了，东北侧连廊与徐家弄之间留下了一条狭长的空地，无法妥善地利用，有些尴尬。于是我们设想，能否稍稍打破一下严格的对称，让连廊在中段向徐家弄弯折，并以一个攒尖亭收尾。这样一来，小广场的围合度略微下降，但这一组空间和建筑却生动了不少。攒尖亭作为连廊入口的同时，还扮演了徐家弄入口标志的角色。整组建筑完全采用了传统木构的形式，红柳桉木作、青石板地面、白粉墙、小青瓦，不求新颖别致，但求与大庙和谐共处。

最后，利用新建建筑和保留建筑之间的空隙，设置了一处迷你园林。园林可从徐家弄进入，空间不大，但种上植被，铺上石板后，也颇有几分"画廊金粉半零星，池馆苍苔一片青。踏草怕泥新绣袜，惜花疼煞小金铃"的意味。从大庙望过来，透过歇山亭照壁上的圆洞门，还能瞥见一抹绿色。至此，大庙终于跨过和平路，拥有了一处虽不广阔但尺度适宜的庙前空间。

设计完成得很顺利，施工也紧锣密鼓地开始了，但心里不免有些打鼓，

大庙前广场歇山亭剖面图 1

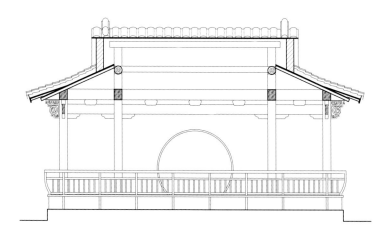

大庙前广场歇山亭剖面图 2

这样的处理会得到古镇居民的认同吗？是他们想要的场所吗？庆幸的是，这个疑虑很快就被打消了。施工刚刚过半，周边的居民就不断来打听，什么时候能建好；建完还未验收，就有心急的大伯大婶围坐在亭中廊下，或喝茶聊天，或唱戏拉弦；等到正式投入使用，这里早就是晚饭后广场舞的根据地了。

古镇的整治修缮还在继续，免不了一次次经过大庙前广场，耳边总能传来不那么字正腔圆却热情饱满的歌唱声，有时是"三载同窗情如海，山伯难舍祝英台……"，有时是"天上掉下个林妹妹……"，亦或是"甜蜜蜜，你笑得甜蜜蜜……"。此时无需多想，只当会心一笑。

二〇一八年二月十一日，枫桥镇时隔百余年再一次举办"台阁市"年俗文化节，后又在二〇一九年、二〇二〇年连续举办了第二届和第三届。舞龙舞狮、腰鼓秀、旗袍秀……节目精彩纷呈，重现了郭毓在《枫溪秋赛曲》中描写的台阁市盛况："丛铃宝马扬飞尘，西风飒飒吹倒人；高竿大蠡树百尺，俨若元戎行三军。旗帜满山环四野，鼓吹金铙震瓦屋；妖童婉娈踏歌来，云是枫溪作秋社。太平有象民乐康，家家仓庾堆稻粱；醵金大会饮大酺，文武之道弛以张。聚人成海迷昼夜，歌呼六博金钱泻；马朗牛侩犬羊屠，担簦畚锄犁耙。委琐零星弄物多，阊门土椎杭州帕；五方杂沓百货齐，巧笼豪夺争夸诈。迎神送神三日中，万众喧拜老相公；道士掷珓传神语：明年更比今年丰！"

而大庙前广场正是整个年俗文化节活动的起点。

第二届枫桥台阁年俗文化节的大庙前广场

居民们在大庙前广场的连廊里吹拉弹唱

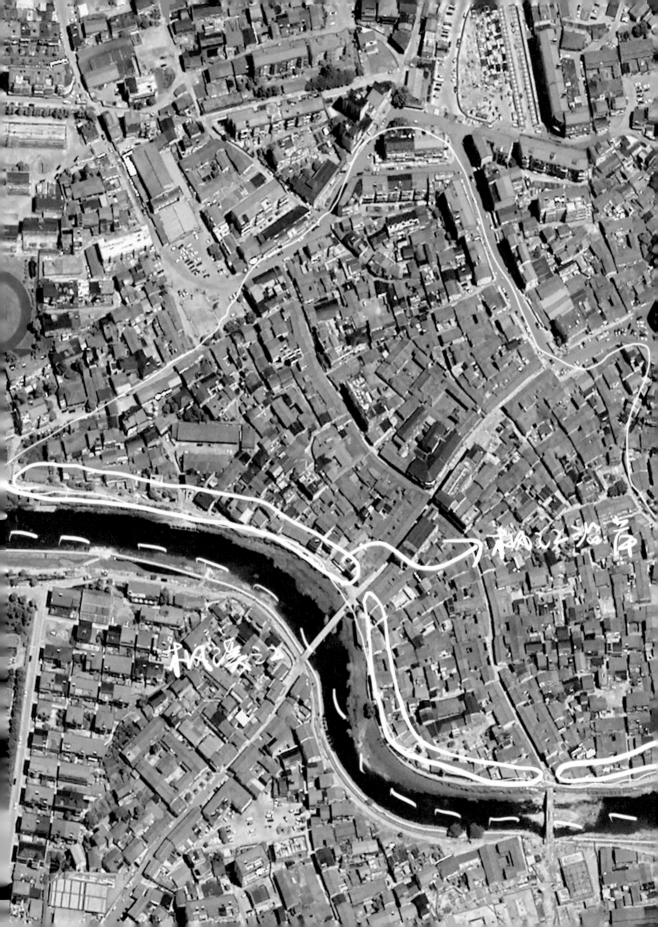

枫江沿岸

枫江桥之一

# 枫溪江沿岸

## 1 概述

"枫桥以枫溪得名。枫溪上源有二，东源黄檀溪，西源白水溪。二源在枫桥镇南大竺园附近会合，始名枫溪。隋朝时，曾在枫溪渡口架桥建驿站，称之为枫桥和枫桥驿，枫桥地名即由此来。"[①]枫溪江绵延浩荡，上下游或以千百里记。据记载，隋唐时，枫桥人就在枫溪渡口架桥，设立驿站，称之为枫桥、枫桥驿。枫桥地名就是这么来的。流经古镇这一段的枫溪江，因为两岸的老屋，水上的石桥，汀步与埠头，而显得格外动人。

流经古镇段的枫溪江，犹如一条手臂环抱古镇，长约八百米。两岸第一排建筑间距疏密有致，形成较为稳定的沿岸界面，沿岸建筑空间格局不错。建筑以一至三层为主，偶尔也会有四层建筑夹杂其中，形成局部的高点。这样优质的空间格局下，沿岸的建筑显得有些与古镇脱节。相对于古镇老街的太多局限，可能是由于沿江的约束较少，大多数住户都对自己家进行了改造，加建并不少见，二〇一五年设计团队开始调研测绘的时候，金黄色的琉璃瓦、亮晶晶的瓷砖和不锈钢栏杆也时不时会出现。古镇段的头与尾均以一座现代市政桥梁为节点，中间的水面上，横跨两座颇有些年代的小桥，分别叫五显桥与彩仙桥。江南北岸各有一条小路，北岸称为西畴路，南岸为环溪弄。路边有防洪堤，有时高过人顶，有时又矮过腰，大部分时候可作凭栏远眺。沿岸的老房子与水边的植物、埠头，从高低不同层次，构成了较为完整的水乡古镇意象。

## 2 水边的空间记忆
• 桥与广场：重要的空间要素

①陈炳荣. 枫桥史志 [M]. 北京: 方志出版社，1998.10.

沿江两岸原状

五显桥

采仙桥原状

新建枫桥

古镇段西侧的一座桥名叫五显桥，桥身形制奇特，两跨为拱，其余三跨为粗壮的圆筒形桥墩，形成的原因据说是因为抗日时期战乱被炸后简易修复所致。桥头伫立一座废弃的水塔，与桥身一竖一横，形成了独特的标志性景观。五显桥向南接桥上街，向北接古镇和平路，是古镇重要的对外交通要道。在古镇更新中，我们并未对五显桥进行修缮或者改造，保留了它独特的原貌，也留下了它带有传奇色彩的过往。

另一座叫采仙桥，根据地方志记载，采仙桥的位置即古时那座"枫桥"的原址，今天的采仙桥是后建。有诗云："枫桥西望近黄昏，灵气迂回散彩痕"，古时枫桥有双孔石拱桥，桥身嵌有石雕蛟龙。对于采仙桥，我们寻访了很多资料，结合上下游水文条件，将古时的"枫桥"进行了还原，替换了现代感较强的彩仙桥。同时，在南岸桥头我们将原有的废弃高层住宅楼拆除，拓出一片广场，它是江边密密的房子中难得透出的一口气，也是游人观览和歇脚的最佳地点。枫桥落成后，更多的人愿意登上枫桥饱览古镇景色，桥头的广场，也成了很多民俗节日的举办地点和很多参观旅游团的合照地点。

之前人们说起来枫桥看古镇，往往不知道具体要去哪里找"那棵村头的大树"，如今的枫溪江上的枫桥，给了所有人一个物理上同时也是心理上的坐标。

• 步道：行走的流动视角

二〇一五年初次造访时，我们发现枫桥与印象中的传统绍兴古镇不太一样。绍兴号称东方威尼斯，绍兴古镇人家与水的关系，往往是房子直接在水边，打开窗河水就在眼前，推开门可以直接上乌篷船。而枫桥古镇则是高于水面很多，建筑与水之间，是一条沿江的小路，路的形状随着水岸而弯折。

彼时，这两条水边小路，是游览水边古镇风情的唯一路径。岸边裸露的混凝土堤岸有些突兀，但很多水边的植物爬满了百分之七十的堤侧面，由于层层叠叠的植物堆积，原本生硬的堤岸，也显得生动了起来。每隔两百米左右，堤岸会开一个口子，通过土坡，通过石阶，人可以从口子下到水边。这种人与水的空间互动是长期以来各种复杂的地理、人文因素混合生成，我们认为不应该进行过多的人工干预，因此，在规划伊始，仅仅对两条小路路面进行了翻修，同时在水上设置了一条细细的栈道，通过无限接近于水的游览体验，与堤岸上两条路的纯"观赏"体验，共同丰富了水边古镇的游览方式。

• 埠头：原真的生活场景

对于沿江两岸的居民来说，枫溪从来就不只是观赏，村民与它的关系早已化入生活，融入血脉。阿嫂做饭前要洗菜，空下来要洗衣，悠闲的爷叔偶尔钓鱼，健勇的少年相约去"中流击水"……

这些生活的场景都源于埠头。每隔两百米左右，堤岸会打开一个口子，从口子里下来，会有一个或大或小的埠头，每天都会有阿嫂在上面洗菜洗衣。我们希望让这种原生态的生活方式原样保留下来，甚至它的"破损"也是一种美的模样。埠头与石头栈道一同构成了水边的步行系统，一定程度上方便了居民生活，而埠头与岸边建筑形成的独特水乡情景，则是水边最美的画面之一。

### 3 轻改造与住户调解

沿江的建筑大体上还保存了古镇的感觉，但由于年代参差不齐，而且有很多住户已经对自家进行了或多或少的改造，因此，我们需要进行一次梳理，在一定程度上恢复古镇的特征，使沿江区域成为古镇的风貌协同区。

我们的风貌恢复都基于现状建筑的特征来进行，力求以最小的动作实现目的，达到"轻而美"的效果，这样的梳理并不容易。首先，通过此次梳理，对现存的房屋质量问题进行补救，例如漏水与墙面开裂等；其次，将沿江的古镇风貌设计需求与住户的"民生需求"进行一定程度的结合。例如，听说要改造两岸风貌，几乎所有住户都提出来要把自家的阳台变成封闭式，还有窗户上缺少雨篷等要求，我们都尽量给予了尊重。

正常的项目为了控制完成度，需要设计的精细化以及对施工的控制力。

设计师与住户现场沟通

枫江夜景（来源：贾方 摄）

而我们为了沿江的设计能够顺利落地，需要做一点额外的工作。我们将每一栋建筑的效果图与施工图单独成册，与住户一对一沟通，聆听他们的意见。通常住户都会对我们的设计提出各种各样的意见，然后以此为契机，提出自己具体的需求。一开始，设计师都或多或少会产生些抵触情绪，设计被翻来覆去地修改，有些不耐烦，但经过设身处地的考虑后，我们清楚地认识到他们提出意见的合理性，充分理解后，设计的调整与工程进展也变快了起来。工程进展有一定起色，老百姓对设计的信任度也大大提高，我们对于住户沟通的技巧和耐心也有了长足的进步。设计师角度来看，把这种沟通过程视作了日常，从老百姓角度来看，觉得设计不仅带给他们实在的改善，也使房子变得更美观，渐渐地，这种建立在互信基础上的设计与建造，变得顺利。

### 4 夜景的照明

夜晚的枫溪江两岸，以前从来没有呈现过。由于岸边的小路缺乏照明设施，原先的夜间正常生活都得不到保证，而古镇的水边夜景更是无从谈起。在我们亮化设计团队介入后，对古镇十字老街、孝义路与沿江两岸都进行了亮化提升，沿江的夜景不仅方便了居民夜间的通行，同时将两岸建筑勾勒出了轮廓，对水边的栈道也做了一定程度的亮化。还记得亮灯那个晚上，整个古镇成了大型灯光秀的观光现场，居民们都啧啧称赞，想不到习以为常的故乡可以如此动人。夜晚亮灯后，每天傍晚来散步和锻炼的人也慢慢增多，夜间的枫桥也慢慢获得了生机……

枫江沿岸建筑（来源：山嵩 摄）

烟雨蒙蒙鸡犬声，有生何处不安生（来源：赵强 摄）

枫溪江沿岸（来源：赵强 摄）

枫溪江边洗衣的村民（来源：赵强 摄）

沿江建筑（来源：赵强 摄）

# 江边的旧澡堂

　　枫溪江的北岸，如果以五显桥和采仙桥为线段的两端点，其中，有一座"不太合群"的房子。沿江的房子都很紧密，房子尺度都只有一至三间，唯独这房子有九间，长三十多米，横亘在古镇和枫溪江之间。它的特殊性也表明，这栋房子和其他"邻居"相比属于"年轻人"，而内部的桁架屋顶也证明了这一点。最奇特的是，有一座斑驳的水塔刚好卡在房子的第三间上，一半在建筑内，一半在建筑外。

　　水塔的故事在它的主人那得到了答案，曾经作为小镇唯一一个公共学堂而闻名乡里，可以想象，当年宾客盈门、热气氤氲的热闹与骄傲。而它的将来，它的主人希望未来能够重新利用这栋房子营业起来，一层的围墙全部打开，朝河边开很大的玻璃门，这样将来古镇旅游发展起来的时候，能够充分地接纳人流。至于要做什么业态，他表示还没有想清楚。

　　房子虽然有坡屋顶，但是却是与老房子截然不同的直线坡，硬要赋予它白墙黛瓦马头的特征实在与它的内里不相称，墙壁上突出的青砖方柱也宣告着它们和其他老房子的不同。在这样的情况下，我们选择将它原本的特征加强，干脆将本就稀薄的白色涂料清除，露出它的本来面目——青砖墙面。底层原来是由一道围墙比二层凸出，我们按照原来的建筑轮廓，把一层范围扩到了原来围墙位置，在水平方向上多了一个层次出来。

　　加建部分仍然使用了实体青砖，业主要求的一层大门洞我们自然而然地采用了砖拱这种古老的结构。在施工过程中，这个选择给施工人员的粗糙施

夜晚的江边澡堂（来源: 贾方 摄）

工带来了巨大挑战。设计师不得不现场监工，对各种对齐、居中和交接的地方，投入高度的关注，与农民工兄弟一起用耐心使它一步步成形。

这个过程中，青砖墙面与旧水塔的斑驳的质感出现了某种和谐，于是水塔上的一切，包含锈铁构件和斑驳的污渍，都被保留了下来。业主要求一层的大玻璃门窗，我们也没有给它赋予花格窗的元素，大面积的玻璃反而充分地消解了青砖墙带来的压迫感。在建筑工程结束后，灯光设计师在水塔上轻轻放了两只"小鹿"，宛如一个精灵，俏皮地站在古老的水塔上驻足观望。轻与重，新与旧，通过这样的对比，赋予了古镇一丝艺术气息。

# 水塔和厂房

　　除了旧澡堂的水塔外，五显桥头还有座水塔，是整个沿江古镇段的制高点。水塔旁一座跟旧澡堂模样差不多的长长的房子，横亘在桥头。水塔已废弃多年不用，而长房子目前没有用途，里面堆放一些杂物。经过跟业主的充分沟通后，了解到他们希望将来这里能经营一座茶楼，而水塔要做何用？对于他们来说实在是个难题。一方面我们惊讶于这座原先给古镇供水的水塔，现在的权属竟然是私人；另一方面，它得天独厚的位置，让我们对它抱有相当大的期待，希望能变废为宝，为整个古镇未来的发展起到一点小小的点睛作用。

　　在此过程中，萦绕大家心头的一个问题浮现了出来，那就是我们在古镇里走街串巷，走入走出地欣赏和感受古镇时，始终缺少一处地方，能俯瞰整个古镇。桥头水塔的出现，给了我们这个机会。原先的水塔只能通过内部搭简易梯子上到内部中层，然后通过小平台走出来，再通过钢爬梯上到塔顶。这样的体验对于将来的游客来说当然是不舒适的，于是我们采用了一个大胆的设计：在水塔内部造一部旋转楼梯，直通塔顶，并在塔顶形成观景平台。

　　这个设计的最大难点在于结构。水塔内部施工困难，旋转楼梯只能使用钢楼梯，我们将钢楼梯悬挂在顶部加建的十字钢梁上，这样就能避免对地基的开挖，同时，我们在塔身上开了几个小窗，这样在旋转上升的过程中不会完全身处黑暗，人能不时地感受到有光射进来，同时能够一窥外面的世界。

改造前的水塔与厂房

　　而长的房子，则按照茶室的风格来改造。在一段紧张的旋转上升、俯瞰

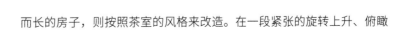

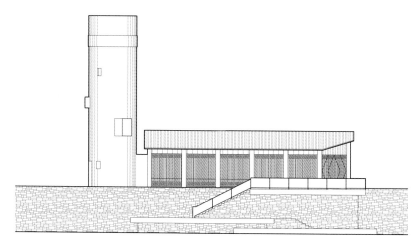

水塔与厂房立面图

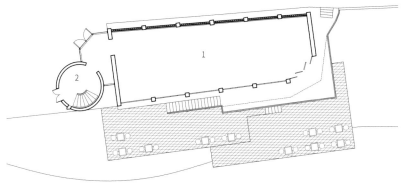

1 茶室 2 水塔

水塔与厂房一层平面图

整个古镇过程后，游客们能在水边慢悠悠享用一杯本地的热茶，也是非常有趣的体验，茶室的外立面与民居相和谐，深褐色的木头给人以岁月感，与想象中的茶香相得益彰。由于政策处理以及代价可能过高的原因，这座观光塔近期未能实现，水塔依旧静静地伫立在桥头，这也成了我们的一大遗憾，期待它能早日羽化成蝶。

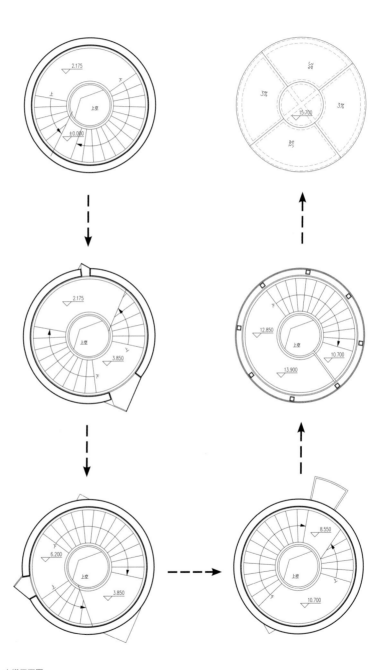

水塔平面图

水塔与厂房（来源：陆钊扬 摄）

小镇生活（来源：陆钊扬 摄）

青鸟不传云外信，丁香空结雨中愁（来源：赵强 摄）

枫江沿岸（来源：赵强 摄）

# 新街

　　青年街往北，过了十字街口，就是新街的地界了。再往北，沿着和缓的街道曲线走上两百多米，空间忽而开阔，便是胜利广场，也是新街的终点。

　　新街的宽度在三四米之间，别看现在略显冷清，清乾隆时期，这里可是枫桥的北市，沿街商铺聚集，颇为热闹。两三百年下来，随着时代变迁，饮食店、服装鞋帽店、百杂货商店、供销商场、信用社相继出现后又沉寂，到现在还剩下些服装鞋帽店、五金铺、中医馆、理发店、竹编作坊一直坚守在这里，做些老主顾的生意。新街两旁大多是建于清末到中华人民共和国成立时的一两层的木结构建筑，只是在中段的东侧毗邻着两栋四五层高的砖混结构宿舍楼，大约建于二十世纪八十年代。那些木结构的老房子，尤其是空置着的，大多年久失修，有人住的也是修修补补，失了昔日的风采。那两栋"鹤立鸡群"的宿舍楼则显得突兀，幸好沿街退让了三四米，留了些回旋的余地。

通过对青年街与和平路两侧传统建筑的立面比例调整、局部加固、细节完善等措施勾勒出"黑、白、赭"三色交融的古镇风貌。

　　整治修缮工程按南北分为两期，于二〇一七年六月启动，到二〇一八年十一月全面完工。一年半后，沿街的大大小小五十多栋房子褪去颓败的旧容，焕发出新的生机。白墙、黑瓦、赭木是江南传统民居的基本色调，新街上的木结构老房子也跳不出这个框子。作为曾经的北市，新街上商铺众多，房屋的正面自然需要朝向街道，正面又多由排门、长窗构成，为赭木色；街道为南北走向，商铺间夹杂的住宅坐北朝南，东西向的山墙对着街道，为白色；后又因历史变迁，功能变换，一些住宅面向街道破墙开店，为白赭相间；再加屋顶上起伏连续的小青瓦，为黑色。黑、白、赭三色的间错交杂汇成了新街的色彩谱系。

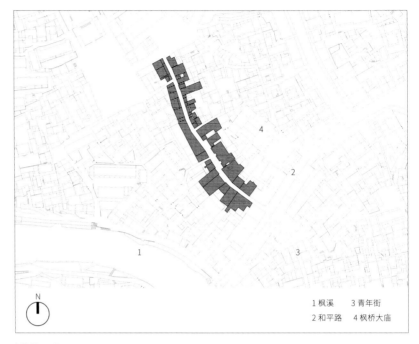

新街总平面图

　　整治修缮中，在尊重现状的前提下，我们通过局部调整，着意协调了三种颜色的比例关系，使得视觉感官上，新街的沿街立面既不过分沉闷，也无苍白之感。至于那两栋"特立独行"的宿舍楼，即使用了黑白赭三色搭配，因其尺度问题，还是无法融入整个街区。于是引入了另一种传统材料——青砖，作为灰色加入原有的色谱中。其实，在这四种材料的色彩调和过程中，它们本身共同具有的自然、细腻的质感也起到了很大的作用。

　　还记得第一次到新街测绘时，斑驳了的山墙，褪了色彩的旧木，歪斜了的屋檐，无声诉说着悠长的岁月，只有缠满蛛丝却雕琢精良的木牛腿还沉浸在繁华北市的回忆中。等到上完最后一扇花格窗的最后一块玻璃，新街悠悠地醒来。行人寥寥的石板路，零星几家卸下排门的铺子，像是那时的清晨，清净中等待着即将回来的熙熙攘攘。

### 故事：调色

新街上的老建筑在修缮的过程中刻意保留了一些质量尚好的老构件。这些老木头经过岁月风雨的洗礼，呈现深沉而透润的色泽，新做的木构该以怎样的色彩与其配合，不是设计说明上几句简单的描述能说清楚的，必须到现场确定。

那天，下着淅沥的小雨，施工队事先做了好几块局部试样，但看着总不能让人满意。于是唤来油漆师傅，来个当场调色。师傅拿了筒底漆，加入褐色色浆，先调了个基础色，刷在素木板上，再根据效果调色。

"再偏点红。"

"有点发青，加点黄吧。"

"不够深，需要掺点黑色。"

……

建设方、设计师、施工队乃至监理，所有人都围着油漆师傅，七嘴八舌。两个小时很快过去，油漆师傅有些不耐烦起来，嘴里嘀咕着："哪个工程有这么仔细。"终于大家都觉得可以了，让师傅拿着调好的油漆刷了一扇窗，说过两天等油漆干透了再来看。这样反复了两三次，最终找到了满意的颜色，并且要求施工队在上漆时，必须手工涂刷，不能用喷枪。

竣工后，再来看新街上那些木构的颜色，远看浑然一色，凑近就能分辨出新旧来，但都同样的润泽，仿佛昨天与今天的对话。

新街的色彩（来源：贾方 摄）

# 桥上街

改造前的桥上街

桥上街西起五岔路口，东至五显桥，全长约三百五十米。宋元时，此处为枫桥西市，又称上市。从街道空间尺度和沿街建筑样式来看，大致可将桥上街分为西、中、东三段。

西段街道较宽，约七米，沿街多为五、六层的砖混结构建筑，与孝义路较为接近。可能是临近菜市场，街道两旁开满了商铺，有水果店、超市、早餐店、理发店等。一大早，这里就充满了小镇的生活气息，来赶早市的人络绎不绝，直到中午，小镇中炊烟袅袅升起，小贩收摊回家时，此处才渐渐安静下来。西段的整治修缮方案延续孝义路的风格。底层骑楼，使沿街底层的建筑风格得到统一，并能挡避风雨。骑楼下的空间带来浓郁的生活气息，品茗、聊天、纳凉、会客皆可在此。屋顶平改坡，外墙饰面穿插采用白墙或青砖，统一设置空调机位，选用与立面颜色相近的雨水管，种种措施下，沿街立面的连续性得到加强。

东段多为一、二层的砖木建筑，四五栋二、三层的砖混建筑夹杂其间。与西段相比，东段的道路窄了许多，仅有三米左右，整体感觉与青年街接近。故整治修缮方案沿用了青年街的原则与策略，强调传统木结构建筑的风格。

无论从街道空间还是建筑类型来看，中段都是东西两段的交汇和过渡区域。这里既有两进院落的四合院，也有三层高大体量的新建社区中心，两者隔街相对，正是古镇传统风貌和现代生活交杂的体现。中段的整治修缮设计也采用了杂糅的方式，钢结构青砖贴面的骑楼、白墙黛瓦的封火山墙、带有

1 枫溪
2 孝义路

桥上街总平面图

传统花格的木门窗、铝合金空调室外机位，这些建筑元素都被精心地组织在一起，既将桥上街的西段和东段连接起来，也完成了从现代城镇到历史古镇的过渡。

桥上街（来源：山嵩 摄）

# 背街小巷

如果说由和平路、青年街和新街构成的十字街区是古镇昔日的繁华所在，那么幽静深长、错综接连，犹如毛细血管般的背街小巷则展现了古镇居民日常生活中最真实的邻里关系。

通常会有两种力量促成背街小巷的出现，一种力量自上而下，是管理阶层意志的传达，往往通过规划呈现；而另一种力量则来自民间，因日常生活需要而生发，自下而上地促进小巷的自然生长。古镇中背街小巷的某些属性暗示了这两种力量的交互作用。例如，"太和坊"、"八七坊"这样的命名方式明显还遗留着划坊而治的管理意图，而蜿蜒曲折的形态则隐约向我们展现了这些背街小巷自然生长的历史脉络。

假如绘制一张枫桥版的"诺利地图"，在其上细细探究古镇的肌理，你就会发现那些宽宽窄窄、长长短短的背街小巷共同织就了一张盘根错节的空间路径网络。我们于其间截取了三段作为整治修缮工程向街坊内部渗透的起始，它们分别为太和坊巷[①]、徐家弄[②]和西畴弄[③]。

## 1 连接和渗透

徐家弄北起和平路大庙前广场，南行一段后东折，与枫溪路在新建的村民活动中心处交汇，长一百三十余米，宽在二点五至三点五米之间。

太和坊巷的入口位于青年街二十三号和二十五号之间，至今还留存着简约的木制坊门。小巷向东延伸后北折至徐家弄，长约一百三十米，宽在二至四米之间。

开口在青年街三十八号和四十号之间的小巷就是西畴弄，小巷一直延伸到沿枫溪江的西畴路，长约一百米，宽在一点五至二点五米之间。

①该小巷在太和坊内，无名，文中为便于描述，暂定名为太和坊巷。
②徐家弄既是巷名，又指代周边一片民居群落，文中特指小巷。
③该小巷为沿枫溪江的西畴路的支路，文中暂定名为西畴弄。

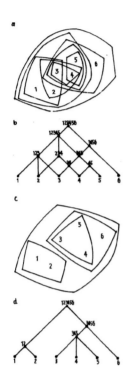

① 《城市并非树形》为克里斯托弗·亚历山大（Christopher Alexander）1965年发表在《建筑论坛》（Architecture Forum）杂志上的一篇论文。文中认为：城市具有半网络结构，而不是树形结构。

② 认知地图是指在过去经验的基础上，产生于头脑中的，某些类似于一张现场地图的模型。是一种对局部环境的综合表象，既包括事件的简单顺序，也包括方向、距离，甚至时间关系的信息。最早见于美国心理学家爱德华·托尔曼（E.C.Tolman）于1948年所著的《白鼠和人的认知地图》一文。美国城市规划理论家凯文·林奇（Kevin Lynch）将其用于城市分析中。

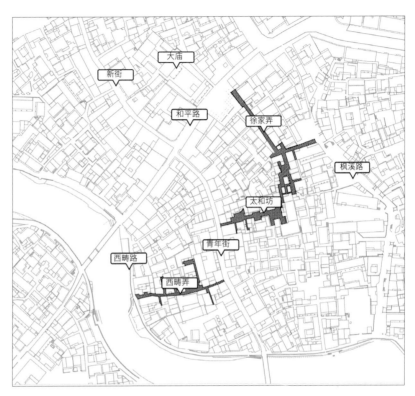

徐家弄、太和坊、西畴弄的区位

　　这三条小巷从主街生长出来，乍一看如同主干上生发的枝条。然而，正如亚历山大所言"城市并非树形"①，古镇也是如此。背街小巷从主街开始又回到主街，或是相互错接，与主街一起建立了一种半网络结构。这种看上去不那么清晰明了的空间路径结构，却产生了更多的空间节点。对陌生的游客而言，行走其间，往往会碰到"山重水复疑无路"的状况，顺势一转，便又"柳暗花明又一村"了。而熟悉此间的居民，从此处到彼处，循着脑中的"认知地图"②，依着当时的心情，马上会在看似纷乱的路网中找到"最佳路线"。

　　从主街拐到背街小巷，随着空间尺度收小，私密性逐渐增强。往深处走，商业味道渐渐淡去，烟火气息慢慢升起。正是在空间渗透与氛围转换的过程中，古镇的风貌才更显生动、立体、完整。基于对这种"统一之下，略有不

改造前的背街小巷

①蜿蜒的法则

（The Law of Meander）
最早由勒·柯布西耶
（Le Corbusier）提出。
2007 年，戴维·莱瑟巴罗
（David Leatherbarrow）将其
作为讲座的题目，讲座中莱瑟
巴罗认为：现代建筑典型的空
间结构来自于英国自由园林设
计中的如画式传统，其中一个
重要的特征就是空间路径的曲
折迂回。

同"的微妙关系的理解与认知，背街小巷的整治修缮策略与主街相比会有所调整。

## 2 更新与营造

相对主街，背街小巷的整治修缮力度要显得"轻"一些，或可称为微更新，原因有三：一是不希望因过多的介入而强迫常年居于此间的居民去改变原本与空间、领域、场所，乃至一墙一篱、一草一木紧密相连的生活习惯；二是小巷中房屋往往更密集，邻里空间的界限也常常是模糊微妙，自以为是的改造容易因常年维持的平衡被打破而产生不必要的邻里纠纷；第三个原因正是如前文所提到的，对主街和小巷之间主次、商居关系的把握。

改造中，首先关注的不是建筑，反而是小巷的地面铺装。统一材质肌理的基面使得小巷空间整体感和连续性的形成变得更为容易，这不仅是视觉上的考虑，更与行走其上的触觉相关。铺装材料选用较小尺寸的老石板，这里的较小尺寸是相对于主街路面铺设的老石板而言的。小尺寸既与小巷空间的尺度相契合，又更富亲和力。

在建筑立面的更新中，设计者更多的是扮演"清洁工"和"补碗匠"的角色：修补破损的屋面和缺损的瓦片，协调屋面色彩；整理落水管和空调机位，修补加固墙体，对外墙饰面做必要的更新；与户主协商后增设部分传统样式花格木门窗。整治后的建筑连续面，在最大可能保持原有单体个性的基础上，断续渗透了在主街建筑立面改造中强调的古镇传统风貌。

小巷虽有曲折，但连续的线性空间总显得有些单调，适时出现的角落空间会让行走过程稍有停顿和漫步，正是这种"蜿蜒的法则"①给线性空间带来了节奏感。设计中，因建筑的进退、离合而自然形成的微小空间，往往成为关注的对象，我们会在现场驻足良久，思考可能的更新方式。

譬如西畴弄，在离青年街十余米处，两栋建筑呈"L"型界定了一个仅有四平方米左右的室外空间。在这个不那么起眼，堆着建筑垃圾，长满杂草的地方，铺上木甲板，砌个花坛，种上一棵腊梅加以点缀，再布置些石凳石

小巷中的微空间（来源：陆钊扬 摄）

桌，也许就可以让小巷中多两道对弈的身影。

### 3 体验：以游客的身份

枫桥古镇的整治修缮前后已近五年，现场工作之余，我们也常常把自己当作一个游客穿行在小巷中。

阳光好时，踩在石板路上，两边的房子紧紧挨着，掺着纸筋灰的抹灰白墙已微微泛黄，偶尔钻出石缝的嫩草和不知名的野花在微风中摇曳，与墙上的爬山虎比着倔强的性子。雨天的巷子，朦胧中偶尔会升起淡淡的炊烟，传来些许的柴火气息。漫步雨中，不由憧憬戴望舒笔下那个丁香花般的姑娘，撑着一把油纸伞，出现在下一个转角。

当然，没遇见过那个丁香花般的姑娘，却看到了许多里人俗事。有时过一个转角，就看到三两个孩童在街亭中嬉戏打闹；远远眺一眼溪边，几个妇人用捣衣杵拍打还没洗净的衣物，嘴里叨唠着家常；透过院墙大门，望到老人倚树而坐，享受夏日里树下的荫凉。他们和小巷浑然天成，好像生活原本就是这个样子，并没有因我们的到来而产生多大的变化。是的，有时维持和保护要远远强于一厢情愿的给予和改变。恬静中带点嬉闹，俗事中充满人情，平凡的生活在小巷中慢慢沉淀。时间的河里，古镇保持着惯有的速度前行，不徐不疾。

### 4 故事：徐家弄的老宅天井

徐家弄有一栋老宅，木门已经从门臼上脱落，屋顶也坍塌一半，唯有檐下牛腿上精美的雕刻诉说着曾经的堂皇，想必建屋的主人也是当时的富有人家。这样的房子在枫桥古镇虽算不上稀有，也值得花力气好好修缮一番。

修缮的工期正与梅雨时节重合，雨水不断，古镇里好些地方积水已没到膝盖。奇怪的是，老宅却毫无被水淹的迹象，光凭天井里水泥地上的那个小孔往地下渗水，根本无法排除积水，此事颇让人不解。规划所的黄国庆黄工招呼工人把天井的水泥地掀开，一片整齐的青石板地面露了出来，角落里雕着铜钱纹样的排水孔连着地下完好的排水管。历经百年时间，这套凝聚前人智慧和工艺的排水系统依然发挥着作用。

此后，黄工每每提及此事，总在感叹之余，"炫耀"自己的发现之功："其实做老建筑修缮项目的乐趣往往就在这里，不时地会有小惊喜就突然出现在眼前……"未说完就开心地大笑起来，好像小孩意外得到心仪已久的玩具一般。

枫溪路

枫溪之北

枫溪路

# 枫溪路

## 1 机遇

在枫桥古镇设计的推进过程中，虽然有初步的规划，但以街道为线索进行落地的过程，也带来了碎片化设计的问题。在古镇区域只是局部动工的情况下，设计还未形成片区，要如何通过设计调整，整合设计思路，推动整体发展，成为枫溪路设计的机遇。

近些年来，众多古镇产品推陈出新，历史的传统得到了延续与发展，但亦有不足。如乌镇，将东栅保留传统生活特色，而西栅进行商业旅游开发；又如成都宽窄巷子，宽巷子主要强调风土风俗体验，而窄巷子则主营餐饮生活品位。在枫桥古镇，我们也希望通过差异化发展的路线，建立特色游线，推动古镇整体布局的完善。

从古镇核心区的规划来看，和平路，沿河北岸以及枫溪路共同组成了围合古镇核心区的边界，而青年街，则是古镇的核心区域。作为与青年街空间上平行并置的枫溪路，就当仁不让地成为古镇开发的第二重点。在无数次的走访体验下，似乎每个人都觉得，青年街看起来似乎有些严肃了，生活的气息在这里逐渐减弱，设计元素的强烈插入更多是服务于旅游，而轻视了承载"古镇"的生活要素。

而讲到枫桥的生活，那必然与水密不可分了，而枫溪路的"枫溪"，则恰如其分地点明了这个特质，一条两米见宽的枫溪贯穿整条小路，枫溪路上众多人家的日常生活，均依赖它。因此在差异化与生活化的双重促进下，我们将枫溪路定义为"水乡生活体验区"。通过和平路与沿河北岸，与青年街环形串联，形成游线，同时也梳理出背街小巷，将异质的街区并联，通过线带动面，强化古镇的整体更新与发展。

枫溪路小卖铺

枫溪边的住户

枫溪路三部分主题公共空间，
至而上分别为再现水乡驿站、
感受风雅文化、体验世俗生活。

枫溪路效果图

枫桥驿效果图

①陈炳荣.枫桥史志 [M].北京：
方志出版社，1998.10.

## 2 理念

枫溪路的美好，在于它本身的环境特质，穿过小桥回家，梧桐树旁乘凉，小溪沟旁洗衣，都使得它像一幅生动的江南水乡画卷一般迷人。但在过于世俗的环境里被遗忘太久，枫溪路便只有特质而没有故事了。而让枫桥曾经繁荣昌盛的，正是这些被人津津乐道的历史传说与记忆碎片。为枫溪路的空间找回故事，寻回主题，是设计的头等大事。

"千年枫桥驿，风雅人文溪"，这是我们为枫溪路量身定制的设计主题。枫桥古镇有太多的故事可以讲述，有名人大家，有历史事件。但最能代表古镇生活的，非代表着枫桥鼎盛时期的"枫桥驿"莫属。据《枫桥史志》："唐朝初年，尉迟敬德（恭）至越州，乃有重建枫桥之举，当年用粗大条石迭砌成一座双孔石拱桥，高大壮观，雄踞越州，桥下为枫溪江航运起点，越州山地土特产均由此埠集散。唐代统治 200 多年中，以桥头为中心的集市不断向驿道东西延伸，居民聚落的范围也自桥头向周围扩展。"①结合枫溪江上将要复建的"枫桥"，我们决心将"枫桥驿"的盛景，在枫溪路进行重现。展示经典场景，让来到这里的人在枫桥驿的历史背景中，满足旅游需求，为古镇范围内业态的持续活力，打造体验经济。

枫溪路空间形态上的自由也为公共空间的开拓提供了条件。在枫溪路的前中后三段，空间形态、原生条件的各异，将枫溪路围绕三处公共空间自然地分成了三个部分，分别以"再现水乡驿站，感受风雅文化，体验世俗生活"的设计主题分别围绕这三处主要公共空间得以展开。

## 3 再现水乡驿站

枫桥驿的繁荣景象，在陈炳荣老先生的《枫桥赋》中，有详细的描述："枫桥有市，始于齐梁，丝麻、布帛，贩运有商。降之隋唐，市肆设场。大观建镇，市分东西。长街三里，邸店栉比。明清以还，街市沿溪，千条扁担，来自会稽。日到中天，接踵摩肩。米市在南，柴市在西，笋干、白炭、蚕丝、茶叶。纸有鹿鸣，果有魁栗。栎江乌桕，檀溪柿漆。上谷山楂，'三坑'香榧。盛坞石灰。单店笋篾。王村乌梅,深山獐麂。泌湖菱藕,银河鱼鳖。日日为市,商贩云集。桥上多客栈,桥下多饭店。山民卖买归,酒楼腹加餐。昔年枫桥镇,繁华胜城关,若逢丰收年,四乡赛会忙。九月台阁市,枫溪披盛装。陈家奏'十番',何赵来拳棒,轿灯夹擂马,锣鼓震天响。五方杂踏货郎摊,百戏杂阵挤街坊。人潮如海迷昼夜,么呼六博醉山乡。"

　　而在枫溪路靠近枫溪江的南侧,有一处现被用作厂房的空地,被选中作为"枫桥驿"的主题广场。广场的四周,有戏台、回廊、船坞、货坊、饭馆、茶楼围绕,让人回想起曾经那个繁忙的码头,令人神往。这里也成为枫溪路游览的游客集散地。向枫溪路延伸的,是主题的民宿街,为古镇的旅游住宿提供有力补充。在枫溪江畔,一座上书"枫桥驿"的渡口亭树立江边,如同灯塔一般成为枫溪路的地标,呼应着水乡驿站的主题。

## 4 感受风雅文化

　　枫桥向来又是人杰地灵的地方,名气颇大的枫桥三贤自不必说。据《枫桥赋》记载:"枫溪历来多骚客,'三贤'后继又有人。(枫桥)地产翰墨之士,不乏风骚之才。儒学推陈寿、恭叔,杨氏有国器、国华。汉臣受业白云,出为书院山长。陈砒屡征不起,宅步藏书建楼町。柏轩筑'东皋草堂',南斋构'步南书屋'。石飘好古文奇字,子冲善摹临碑版。张辰有济世之才,荐召参修国史;陈渊贯通经史,乐于终老林泉。文焕贤良方正,举为广东参议,骆琪纂修县志,以文字掌王府教授。陈祖范精楚辞古韵,辨异独具只眼;杨方塘濡笔挥洒,兰竹世之神品。善奕有唐庆,傲游吴楚称国手。神医数陈开,悬壶钱塘第一人。孝子有万和、祥一、仲高、佛之;义行有希忠、名高、守道、陈垠。君临枫桥境,咸赞仁义方。"

　　展示和介绍这些名人及事迹,在枫溪路的中段,还正是恰好不过了。在这里,一处破败的两层楼房和围墙封闭着的,是枫桥镇的老年协会。破败的建筑已经失去了实用的价值,而封闭的空间也让人产生了距离感。而类似老年协会这样一个个充满文化与内涵的机构,却是传播与展示文化最好的窗口

村民活动中心(老年活动协会)
原状与改造后效果

洗砚池埠头原状及改造后效果

三贤园原状及改造后效果

枫桥纸局原状及改造后效果

清心亭原状及改造后效果

了，在未来，包括老年协会在内的社区服务型业态被穿插其间，服务本地居民与游客，让他们可以最近距离地体验最纯正的枫桥文化。于是我们将这座二层楼房进行重建，在保留其基本形制的基础上，建筑的一层被架空，围墙被拆除，茶室、书吧等文化业态置入其中，用现代的语言去诠释它，突出其公共性。结合原先小院内的其他文化建筑更新改造，使得它成为枫溪路上重要的建筑节点。在它的北侧，一处三贤主题的洗砚池公园设置于此，梅、竹、荷花等要素穿插其间，主题景墙、构筑物等具有文化内涵的小品精心设置，也让这里成为枫溪路上重要的街旁绿地。

## 5 体验世俗生活

枫溪路的最末段，这里已经都是居住的人家了。空间尺度比起之前，也小了许多，非常具有生活气息。不禁让人想起辛弃疾的名篇《清平乐·村居》："茅檐低小，溪上青青草。醉里吴音相媚好，白发谁家翁媪？ 大儿锄豆溪东，中儿正织鸡笼。最喜小儿亡赖，溪头卧剥莲蓬。"

结合房前屋后的田园气息，我们在这里将枫桥的日常生活进行展示。枫一村村民活动中心前的小广场是这里的核心，围绕着它：结合公房的利用，民俗馆，活动室被重新修缮；枫溪边，亲水的老埠头被完整保留；小路边，日常使用的农具有序地摆放。这些都代表着镇民生活的点点滴滴。我们采取最质朴的方式，从功能出发，减少工程量，将有亲和力的田园生活带给每一个来到这里的人。

## 6 小结

总体上，我们结合整体改造策略，对枫溪路两侧建筑进行整体的整治提升，设计具有枫桥地域特色的水乡古镇建筑群，营造古镇氛围；其次，结合旧有水系，用水系串联整体枫溪路，并于几处重要节点，通过一系列亲水活动的设计，形成与水共生的景观体系。还原水乡生活中洗衣、做饭、戏水等事件，再塑古镇场景。最后，点状置入文化小品体系，以抽象传统建筑的形

亲水埠头原状及改造后效果

民俗广场

式置入水乡乡镇公共设施，以及复建部分旧有建筑物，使其承担枫溪路内公共服务、布告、宣传、售卖、休憩、主题性景观等功能需求。

保留了原有的场地记忆（来源：赵强 摄）

# 不需改与不能改

为了保持古镇氛围的统一，团队对于枫溪路的改造定位为延续沿江两岸的立面改造形式——还原传统江南建筑风貌。在总结了其他几段的改造经验后，对于枫溪路改造稍显容易一些，此处便不重笔墨去描述建筑的改造过程，而是想要聊一下枫溪路我们没有改造的房子。

## 1 "不需改"的一号人家

枫溪水依着枫溪路串着路上的民居，溪水潺潺流入枫江，枫溪东侧的人家将青石板桥宽宽窄窄的落于溪水之上。暂且将枫溪路的南端定义为起点，东侧的这户人家便是枫溪路上的第一户人家。这户人家的房子与周边的邻居比起来并不高，是一座两层高的长条小宅，建筑的四角采用青灰色的砖柱装饰，墙面洁白崭新，坡屋面的瓦也看着像是刚刚翻新过的，两米高的围墙上爬满藤蔓将为小宅围合出一个宽敞的前院。这家的入户不似其他沿溪而建的人家，大门开在了东侧更为隐蔽的小路上，在围墙上开了个小口，采用木制门斗将幽静的小院与外界相隔，木门还未褪去新上油漆的光泽。轻扣木门，听见犬吠后主人家走近的脚步声，一位慈祥的老奶奶将门打开迎我们入内，小狗绕着奶奶摇着尾巴。小院干净整洁，地上只留下了院外婆娑的树影。大门左侧用鹅卵石围出一圈花圃，墨绿丰茂的麦冬覆盖于泥土之上，几朵娇艳的月季藏于桂花树荫下。另一侧的围墙角落假山堆砌出一个方池塘，假山间置有一只木制的迷你水车，鲤鱼悠游地穿梭在水池里，水面之上有一座小木桥，往里走有一扇小木门，推门而出便是一条石台阶伸入枫溪中。回看二层小楼，采用单廊形式，廊道开敞对外，栏板上被部分为深棕色木栏板下部分为深灰色面砖贴面，楼板下部与柱交接处还嵌有木制挂落，屋顶处采用浅木

青石板落于溪水之上

枫溪路上"不需改"的一号人家

色吊顶，二层每开间挂着红色的灯笼。这个早已被家主精心雕琢的家，展现着这家主人对生活的热爱。

这样的住户对于我们来说是难能可贵的，改造目的不只是简单地将建筑的风貌统一，更多的是希望在环境优化后可以让居住在其中的人真正关注自己内心的需求，享受生活中的风雅与惬意。最后在与户主和甲方的沟通后我们只是对窗户进行了简单的装饰，其他皆保留其本身原有的形态，尊重居住者是我们改造最先需要考虑的前提，这便是题目中提到的"不需改"。

## 2 "不能改"的天井老屋

从入口再往里走几步，只看见一面观音兜形的山墙，原本白色的墙面上已有了灰黑的斑渍，立面上独留了几扇铁艺窗户，石门框被涂料所覆盖，不仔细瞧已不能被发现，木制大门表面贴着铁皮，钉子齐整有序地排列在铁皮面上，与入口那户人家相比，这座房子拥有了更久的历史。调研那日恰逢遇上这家主人在家，我们有幸进屋内瞧瞧，据主人介绍，老屋已经没有人住了，只是用作日常杂物的堆放。入门便是一个传统江南民居所特有的天井，天井内壁墙面皆为木制门窗，上部皆镌刻着生动丰富的图案，粗壮的月梁花纹细腻。从这些细节可以看出当时人们对家宅建造所付出的心血。但此刻座建筑已被混凝土的房屋所替代，只能随着时光逐渐衰老直至倾倒。

此刻我们不禁思考在混凝土建筑还没有普及的时期，家宅一旦落定就一直以一种缓慢更新的方式与这家人一起成长更替，偶尔有些地方出现损坏，进行简单的修复便可继续无忧使用，但面对混凝土的衰老却很难依靠人的感受去感知。混凝土的便捷取代了需要较长周期建造的老屋，快速高速的生产也让我们习惯了丢弃而不是修补后继续使用。现如今这样的老宅已无法符合当代建筑规范与条例，我们无法对其进行修缮，只能旁观这座垂暮的老宅属于他的归途。这是"不能改"给予我们的遗憾与无奈。

枫溪路上"不能改"的天井老屋

# 院旁杂物间

枫溪江的水流入了枫溪路，枫溪路的人们靠着这条小溪洗衣洗菜，沿着溪旁的小路向前而去，时而宽，时而窄。在枫溪路的北端，有一处开阔的水泥地，场地中间立着一棵大树。

大树的西侧为一栋一层小屋，初见它，外面的白墙已部分脱落，裸露出内部的砂浆。檐口下也长出了青苔，墙壁上虽有用砂浆修补过的痕迹，却依旧难掩其破败感。屋面上有一天窗，为采光之用。推开木门，映入眼帘的是堆放得横七竖八的杂物，长年紧闭而产生的霉味和腐败气息扑面而来，打听之后知道，此间屋子乃村里生产队所有，日常也就是作为堆放杂物之用。想想偌大的古镇似乎缺乏了常规的当地特色小店，何不将这杂物间改造为时尚特色小店，为来参观古镇的游客服务及周边居民服务？

在检修屋顶时发现，梁木结构因为雨水以及虫蛀等原因出现了问题，在进行结构复核后进行了更换，屋面的瓦片也尽可能使用了原来的。屋前的草丛也进行了清理，消除了蚊虫在此聚集的隐患，屋内原来堆放的杂物也进行有序的清理。外立面采取的改造方式是保留原来的墙体以及门窗洞口位置，考虑到原来室内采光不足，在不改变门位置的情况下，将原来的木门更换为铝合金玻璃门，将两扇窗户的竖向高度增加，改造为四扇五百毫米宽的竖向条窗，窗的上框与门上框对齐，窗下框距离地面四百五十毫米。周边的建筑为粉墙黛瓦，为呼应周边而又不同于周边建筑，正立面和背立面采用干挂水泥板，在水泥板外贴青色面砖。山墙面采用与门窗框同色的深色铝合金干挂，上部檐口外挑三十厘米，以青砖为外囊，内嵌一个深色金属盒子，配合使用

杂物间原状

透明材质，在视觉上带来简洁大气的体验。

　　其中有个小插曲，在改造过程中，在该栋房子的正面设置了一个变电箱，经过与电力部门的几番沟通，由于周围其他房子都是私人住宅，变电箱只能设置于此处。无奈，只能立即调整方案，将正立面的青砖收边到门窗的上边框位置对齐，用与门框同色的深色金属格栅罩住变电箱，使变电箱尽可能隐于立面中，在格栅上设置了可开启扇，方便后期的修理，增大该立面上方的檐口悬挑，作为门户出入口的雨篷，既解决了太阳直射室内的问题，又解决了原来雨水顺延墙壁而下的状况。

　　进入室内，原本灰暗的空间也因窗户采光面的增大、门更换为铝合金玻璃门而亮堂起来。曾经因为屋前杂草丛生，建筑破败，周围的人们不愿停留，如今改头换面之后，曾经牢牢紧闭的木门，也向居民们敞开了"心扉"，居民们开始汇聚于此，或唠唠嗑，或下下棋。虽然小镇的旅游开发还未深入，原先想要将其打造成精品小店的愿望因为还没有经营者的进入而实现，但是杂物间由人人远之到居民们聚集于此的过程，也让我们看到了古镇会像杂物间一样重新焕发活力的希望。

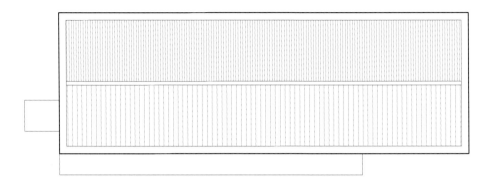

杂物间屋顶平面图

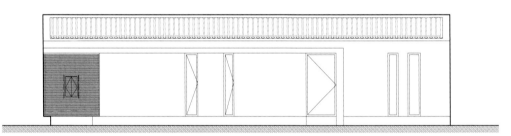

杂物间东立面图

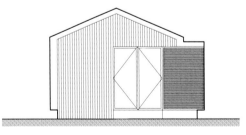

杂物间南立面图

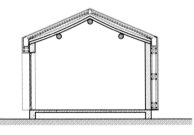

杂物间剖面图

# 溪上小卖铺

　　在即将拆除重建的村舍围墙之外有一个这样的小卖铺。小卖铺建在一块小溪的水泥板上，蓝色铁皮屋面单坡向前依靠两根钢管和一根木棍支撑着，屋面下面是一个砖砌起的不足四平方米的小屋，屋面与墙体的空隙间可看见只露出一半的空调，小卖铺向着枫溪路的一侧门开得很大，占了整个墙面，透过玻璃门可以看见一些商品随意地挂在墙上。前场的水泥板便可算作是桥了，桥的两侧是混凝土砌块垒砌的栏板，煤气灶、锅碗瓢盆、热水壶、闲置的玻璃橱柜皆堆放在桥的两侧，瘦弱的石榴花稀疏地开着几朵红花，被杂物窒息地掩埋着。

　　往四周看，这里的植物绿得惹眼，高挑的水杉依傍在小卖铺旁，几株大叶黄杨被刻板地修剪成球形，店主家用泡沫盒种下的青葱高低放置在一旁，右侧的南瓜藤肆意地向溪中生长，触碰到了几块水泥板搭建成的洗衣台上。一位红色衣服阿姨靠在洗衣台边用手揉搓着拖把，一位花衣服奶奶蹲在溪水另一侧刮着鱼鳞，这几位和小卖铺的老板娘有一搭没一搭地聊着天。岸边有两棵特别的梧桐，主干粗壮但个头不高，茂密的枝叶像一把伞，将夏日的酷暑隔离于树荫之外。因为法国梧桐是落叶乔木，冬日树叶落尽便又将暖阳归还于再次劳作的村民，这两棵树就这样默默地陪着这里的村民看着春秋轮转。

　　虽然小卖铺已经破旧不堪，风雨飘摇，但眼前如此和谐的画面依然让我们对它怀有敬畏，也许这一家的生计靠小店支撑，也许方圆几十户人家的柴米油盐也缺不了它。于是我们放弃了一开始"拆除"的想法，转而思考如何让它重获新生。

改造前的枫溪路小卖铺

　　首先保留小卖铺这一功能，保证居民的日常需求的同时，也为未来对面的村民活动中心活动的村民和游客提供部分需求。因为小卖铺的小体量，所以在材料的选择上希望选取单一的材料保证其精致度。外立面采用原木色板材包裹，将对着枫溪路的主立面选择用折叠门替换原有的推拉玻璃门，借此拓宽小卖铺对外的营业面，通过参数化的等序变换的木框将小卖铺的外部空间进行延展，并在桥面两侧设置木座椅，为村民与游客提供休息之地，这错落有序的木框也为攀爬类的植物提供了适宜的生长场所，利用植物习性也使此处形成更为舒适的小气候，地面采用同色木质铺地保证小朋友的安全使用。后来的改造过程中因为小房子的权属无法明确的原因改造方案还未被落实，希望在后期村民活动室建造完成后可以实现这一设计愿景。

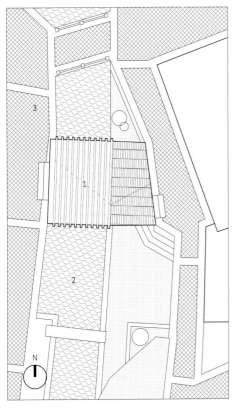

小卖铺总平面图　　　1 小卖铺　2 枫溪　3 枫溪路

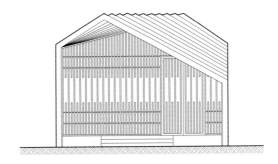

小卖铺西立面图

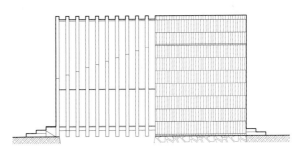

小卖铺南立面图

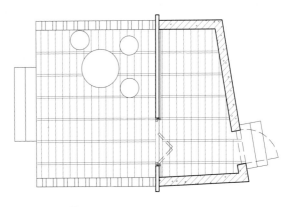

小卖铺一层平面图

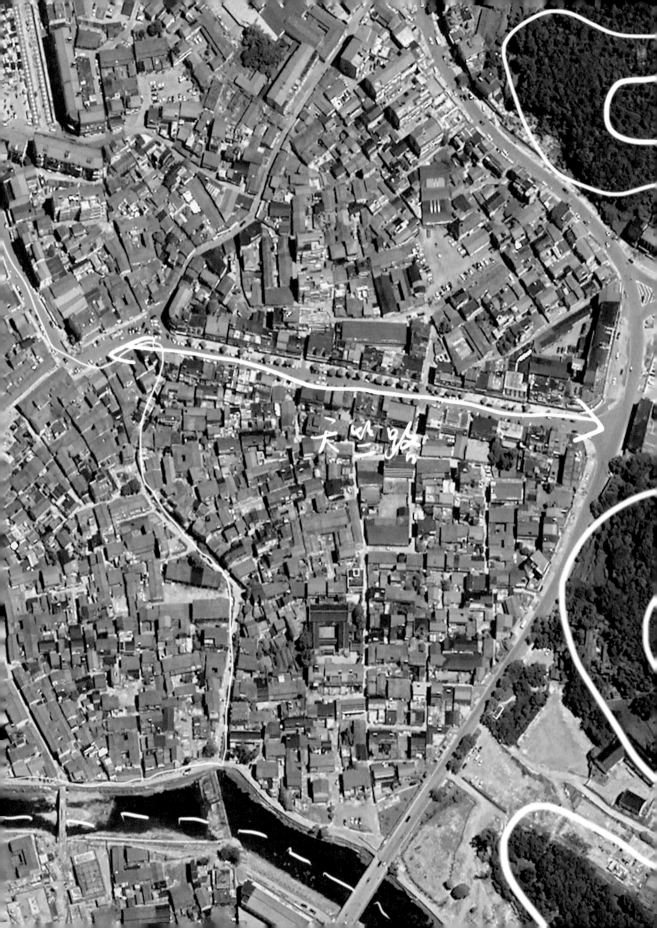

天些路

# 天竺路

　　天竺路是古镇核心区域北侧边界，也是小镇重要的商业性街道。街西侧可达古镇北入口，东侧与钟瑛路相接。总长度约三百五十米，改造涉及建筑约三十三幢。天竺路南北两侧的建筑以五到六层为主，底层为潮流服装店、眼镜店、农业银行、农商银行、中国银行、移动营业厅、黄金饰品店……街道上停满的汽车、行人及电动车川流不息，无不透露着这条街的热闹。沿街夹杂着从二十世纪七八十年代开始到如今各个时期的建筑材料。橙黄色的琉璃瓦、蓝色的横向面砖、白色的竖向条砖、棕黄色的马赛克、赭色的砂砾，都见证了这条商业街的历史变迁。

　　整条街道人气虽旺，但也破旧不堪。檐口上被长年的雨水流淌而留下的黑色水渍；立面上外部面砖脱落露出了内部的粉刷层；承担多年排水作用的雨水管已经锈迹斑斑。随意放置的空调外机，宛如一个个淘气的孩子，或藏于窗台下，以一彩钢板或一铁皮盖住了头，或往高了去，欲与窗户齐额头，或静静靠在窗户边上，左一只右一只，虽然"有趣"，却不免让人觉得失了"规矩"。底层商铺的店招向街道伸展一米左右，没有店招的位置，也用帆布雨篷补齐了这段空缺。

　　天竺路最初的改造方案是孝义路风格，采用一二层的马头墙延展开一片门廊，其间穿插一些青砖柱的檐廊。上层以木饰面与白色作为主打色，木制格栅作为山墙面以及正面的装饰。希望能与古镇作风格相似度的统一，业主提出了一个疑问：这样的设计是否意味着在小镇中再建造一条孝义路？对于这个想法，我们也进行了反思：两条街道的年代不同，承担功能不同，现状

天竺路原状与第一版方案对比

天竺路最终方案效果图

业态也不同，套用孝义路风格是否展现了天竺路本身的特质？过度的改造是否会丧失其原有的一些值得保留记忆的东西？

经过重新定位，得出了以下三点设计思路：

一、轻更新：保留原结构体系不变，视功能需求增加轻质装饰构件；

二、留特色：挖掘原立面特征，保留时代特色，展示现代风情；

三、重协调：与古镇整体风貌相协调，与天竺街内部风貌相协调。

在轻更新方面，我们采取了保留原结构体系，不大肆加建，和孝义路不一样，没有进行平改坡改造。结合住户的实际生活改善需求，以小构件的方式来设计。底层商铺采用轻质飘板来作为店招，店招上部进退的线脚赋予了立体感，让横向颇长的店招有了细致感，为底层行走的人们起到了遮阳避雨的作用；立面上提取竖向小条砖的元素，考虑到担心以后年久面砖脱落的问题，采用了真石漆仿面砖的工法。在建筑的山墙面，结合其原本形态，附上木色的格栅装饰，以层层延展而出的木饰面和铝合金作为收尾，宛若给其梳上精致的妆容，给原本单一枯燥的山墙面赋予了商业气息。在局部窗户上"裱上相框"，或单个窗户加一个，或上下窗户，或左右窗户组合，每个窗户中的故事就这样被记录在这条小街上。空调机罩结合窗套，不显得孤立。考虑到后期还会增加的空调室外机，我们也预留了空调机罩。通过飘板、窗框、空调机罩、山墙面格栅这些实用且轻质的构件，构筑了一套完整的立面语言系统。

在留特色方面，一座三开间的教会建筑吸引到了我们，粉色的面砖、三角形的山花、罗马柱，无一不在显示与众不同，我们对其外立面进行了简单修缮和清理，保留了其立面特征。底层商铺名唤"鹏程电器"的建筑，白色的竖向分块和上下窗户间的深色水磨石，也因其独树一帜的特点被保留了下来，仅在底层剥去了原来的蓝色折板店招，加上了飘板店招。底层为苏宁手机大卖场的建筑，土黄色的外墙还在"诉说"着尘封的记忆，在这条街上别

天竺路上的粉色教堂

改造后的天竺路（来源：山嵩 摄）

具一格。我们保留它原来的墙面，仅在其立面上增加了部分窗套，结合窗套做了穿孔铝板罩住了空调室外机。底层店招的颜色也采用类似原土黄色外墙的颜色，不显得突兀。在改造过程中，没有刻意统一店招上的文字样式，仅预留了位置，给业主的个性发挥留下了空白。

在重协调方面，靠近古镇北出口的位置，改造手法多采用黑白两色为主，以呼应古镇的气息；中间段，结合天竺路本身商业街的气质，采用了一些活跃的元素，刺激这个街焕发新的活力；靠近钟瑛路，又渐渐回到古镇的元素，以粉墙黛瓦、木色构件的面貌来呈现。

回顾天竺路的改造过程，从一开始的想要简单统一，再到后来的"轻更新、留特色、重协调"，从而保留住小镇的建筑特色、唤醒时代记忆。作为设计师，以一种轻松的态度去设计，以一个当地居民的角色去参与改造，体会当地人的情意，保留小镇的原真记忆，也是一种改造思路上的进步。

天竺路南立面改造前后对比

天竺路改造前立面

天竺路改造后立面

天竺路改造后街景（来源：赵强 摄）

『点睛』

二〇一八—二〇二〇
古镇更新整体格局初具
寻精彩之处
落点睛之笔

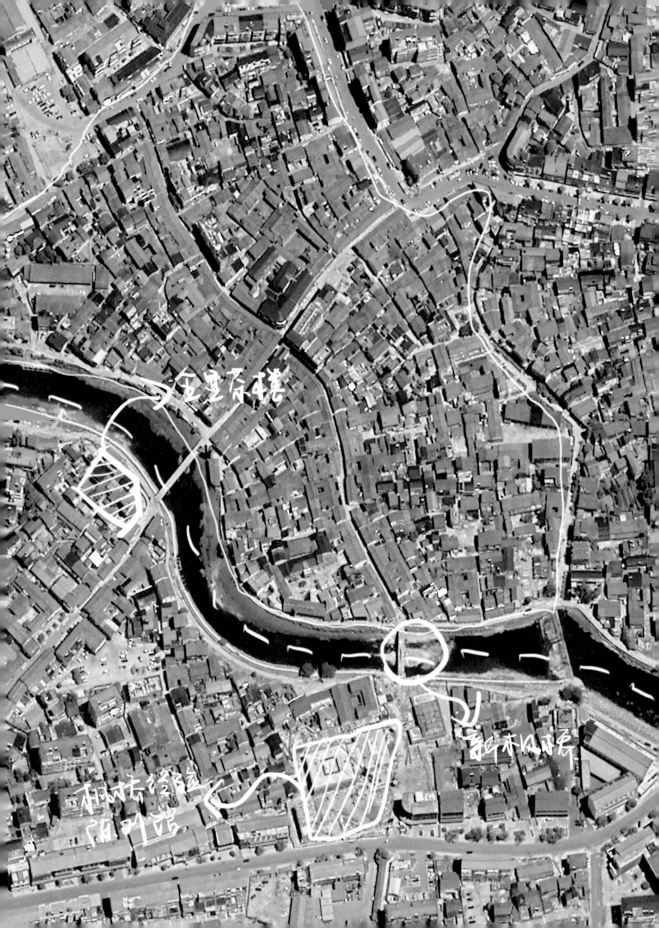

# 重生的枫桥

"采仙桥被炸掉了！"一段老采仙桥爆破拆除的视频，在我们的工作群广为传播，霎时间，横跨枫溪江几十年的老桥轰然倒下，标志了一个时代的结束，采仙桥的原址上，一座"枫桥"，将被建设起来。在那一刻，从原住民、政府管理者到设计师，每个人心里都有诸多滋味，纷纷感叹：有对老采仙桥的不舍，有对爆破过程的震撼，也有对这样历史时刻的纪念，但更多的，是对将要新建的这座"枫桥"的希冀与情结。

## 1 建桥的历史

一直以来，来到枫桥镇，大家都会自然而然去寻找所谓的"枫桥"，但事实上，历史上的枫桥已经在被记载在历史里消失了。古时候的枫桥到底在哪里，已经不可考了。

在近现代枫溪江上，随着经济、交通的发展，一座座桥梁陆陆续续被建设起来，为居民和过往的旅客提供方便。与那些著名的、"建在水上"的江南古镇不同，枫桥是一座"溪上的古镇"。而有一座采仙桥，就建在枫溪上，是古镇居民进出的必经之路。拆除前的采仙桥，其实并没有什么标志性，甚至有些破坏枫溪江两侧的景致。不管是坐落的位置，还是造型来看，都很难让人印象深刻。它由南北向横跨枫溪江，南侧藏在孝义路上一个不起眼的小道尽头，而北侧则是通往古镇核心的青年路。不是古镇居民，是很难第一时间找到它的。建于二十世纪七十年代的它，在物质匮乏的时代追求实用与经济的指导思想下，为了可以满足车辆通行的最基本功能，其外形为简单的双曲钢筋混凝土拱桥，为了抵御洪涝灾害及施工结构需要，有十余米的引桥伸入青年街内部，打断了沿江的小路。桥面上就更加简陋了，经历了四十余年

原采仙桥

风雨的洗礼，路面早已破败不堪，坑坑洼洼。栏杆随意地嵌在桥板边缘，摇摇欲坠。但在桥顶有一块上书"采仙桥"的老石栏板，引起了我们的注意。"采仙桥"的字迹很新，似乎与这块老石板有些格格不入，已经被风化得很厉害的石板上，实际却隐隐约约刻着一些文字。文字的内容，印证了在这座钢筋混凝土的采仙桥建设之前，这里或许真的存在过一座如同山水画般与古镇珠联璧合的古桥。

　　就像前文提到的那样，枫桥人的"枫桥"情节，亦已经很久了。枫桥古镇名字的由来，便与这座桥息息相关。根据《枫桥史志》记载，六朝时期，在枫桥头的地方，叫作枫溪渡。隋统一后，隋行军总管杨素，始在渡口架桥，名为枫桥，并在其旁建驿站，称为枫桥驿。这是枫桥地名最早的记录。隋朝的建立使枫桥经济开始活跃，唐宋则让枫桥商贸经济趋于繁荣。唐朝时枫桥是至关重要的驿道。唐朝，商贸兴盛，百姓乐业，当时的绍兴郡称为越，金华郡称为婺，枫桥驿正好处在"婺越"隘口，绍兴、金华的山货土特产，如金华火腿、绍兴香糕、绍兴梅干菜等彼此经营都需要通过枫桥驿。枫桥已渐渐有"婺越通衢"美誉。此时的枫溪渡口水深河宽、绵延千里。每日天未亮透，大大小小船只绕过弯弯的水路，将各地的毛皮、药材、竹木等带到枫桥渡口停留、集散。宋朝枫桥的造纸已是越州四大纸局之一，远近闻名的它随着粮食、糕点、老酒等奔向临浦、萧山，甚至更远。同时，临浦、萧山甚至更远的山货果蔬也乘着大小的船只来到枫桥。那时，桥下船来船往，水波浮动；桥上商旅布衣吆喝买卖。造就"箬壳草鞋尖头帽，千条扁担进枫桥"的热闹场面，也称之为"上有枫桥，下有柯桥"。而多次重建后的枫桥，形制也逐渐确定下来。这座实实在在存在过的枫桥，虽然今天已经灰飞烟灭，但它依然存在与每一个枫桥人的心中，代表着那挥之不去的故乡情结。

**2 设计师的"请求"**

　　而回到现实，通过仔细的规划，最终我们的枫桥经验陈列馆，确定坐落于孝义路的中段。穿过陈列馆，向北三折两拐弯，便可以到达枫溪江畔的采

1 枫溪　　3 青年街
2 陈列馆　4 古镇入口

采仙桥总平面图

仙桥南了，而桥北，整治提升后的枫桥古镇，亦呼之欲出。一时间，采仙桥便不可以像过去悄悄躲在建筑群后了，它需要承担起更多关于未来枫桥发展的责任。在这样的背景下，"枫桥"与"采仙桥"便真正地走到了一起，从理性的规划出发，到走在江畔感性的需求，作为建筑师，我们都认为，在采仙桥的原址上，重建一座标志性的古桥——枫桥，是很有必要的。但在枫桥古镇更新改造的计划里，是没有这个项目的。于是我们请求业主方考虑增设这样一个特别的项目，并完成多稿概念方案以论证其必要性与可实施性。在我们的不懈坚持下，也在主管领导的协调下，得以实现，真是很不容易，我们的更新改造工程里，终于可以加上这浓墨重彩的一笔了。

古枫桥图（来源：《枫桥史志》）

### 3 严谨的考证

在方案策划初期，我们就向自己提出了这样一个疑问，新建的枫桥，应当是什么样子的呢？在众多的古镇更新改造工程中，各种类型的复建不胜枚举，但最终让人留下深刻印象的，却寥寥无几。而其实复建在古代，是很常见的，许多复建的建筑，不仅没有泯灭在历史长河里，反而因为更加贴切的创作而发扬光大。"枫桥"本身有许多故事可讲，这让我们有了信心。我们希望通过严谨的考证，将本地的历史与文化，通过枫桥的复建设计，讲述出来。

因此对于枫桥的复建来说，最重要的，便是研究清楚形制，再结合相应规范将设计落地。据文献记载，枫桥为双孔石拱桥，每孔跨度十米，两孔间桥墩宽约两米，正桥东西两侧各有石阶二十余级，净跨约三十米。拱圈顶部离正常水面约七米。桥身两侧有巨大石雕栏板，拱圈南面迎水方向嵌有石雕蛟龙头两个，桥面正中镶嵌四方形大理石一方。有了大致的体形数据，我们又从《枫桥史志》的陈炳荣先生的工作中提取了参考思路，在二十世纪九十年代成书的过程中，他不仅如上文提到的那样，对枫桥的历史变化及形制特点从古籍中进行了整理与总结，甚至还根据清代"造枫桥"的文献记录，绘制出了一幅《古枫桥图》。这些工作是非常繁杂的，但借着陈老的工作，我们的工作又可大大地推进一步了。但即便这样，研究也不能停歇。桥的比例、材质、风格等，也都还是要去仔细推敲的。依据《枫桥史志》记载，"枫桥山区以多桥闻名"而放眼诸暨乃至绍兴，本地区的桥梁营造技艺历史悠久，现存古桥众多，并有鲜明的特色。作为复建设计，这些本地的优美桥梁，也非常值得学习和研究，在绍兴地区有一句俗话说："无桥不成市，无桥不成村，无桥不成镇，无桥不成路。"在这样得天独厚的研究条件下，对绍兴地区，尤其是诸暨的桥梁进行大量对照研究以后，这做新建桥梁的雏形，就很清晰了。除了之前提到的桥拱、桥高、跨度尺寸、石雕栏板、长石迎水龙头以及桥面的大理石镶嵌以外，我们还考据后确定了台阶中间设置坡道的形式，无柱脚石的拱脚形式、桥顶石狮子、梯段莲花座的望柱形式，以及拱圈内部用钢筋混凝土砌筑，外部按照传统营造方式，用高湖石外包砌筑（护拱石＋曲面拱板）等设计细节。值得一提的是，一般古桥上都会在桥两侧的长系石下方按照传统设置楹联，我们对对联内容选取具有当地文化背景与当地特色的诗句进行题写，在仔细推敲并和当地乡贤讨论后，我们确定选取王冕《七律·花竹》中"山光入座青云动，水色摇天白雨开" 的这一诗句，结合原有彩仙桥等要素，创造出"彩痕仙源"的意境，以此点题。

## 4 落地的艰辛

落地的过程，也是异常艰辛的。要在枫溪江这条季节性洪涝严重的水系造一座桥，技术上是有很大难度的。原有的采仙桥虽然简陋，但正是由于超大的跨度，保障了洪涝灾害来临时的安全性。我们见识过枫溪江排山倒海而来的洪水的威势，平日里平缓流淌的河水，当雨季来临时，便汇集枫桥山区的山洪，呼啸而至，水位大涨，甚至高过岸两侧防洪堤坝。若按照之前的设想来建设，汛期来临时，这座枫桥，便十分危险了，不仅自身有被冲毁的危险，若阻水过多，也影响防洪。为了符合规范要求，根据水文资料，适当加高了桥梁，加大了桥东孔径，甚至在两侧增开了供人通行的小拱门，以最大限度地扩大过水断面的面积，以保障桥梁安全与防汛需求。但面对安全问题，水利局提出新桥的过水断面面积，不得小于旧桥。这无异于对方案的否认，这样一来所有设想都变成了不可能。对于设计者来说，为枫桥镇的居民，在这里埋下一抹挥之不去的乡愁，是多么值得去努力的事情啊！在坚持设计意图

采仙桥建成时举行的祭祀仪式

的情况下，我们进行了大量研究，包括对整体防洪需求的分析，如对下游五显桥过水条件的研究，以及对局部河道清淤、拓宽等方案的推敲，并且也在方案效果的控制下，最大限度地增加了过水的面积，将每孔跨度扩大到十二米，距离水面八米，两孔间桥墩宽约一点五米。最终，在不懈的努力下，终于找到解决方案，成功将项目设计完善，在建桥的过程中，又经历了台风天与洪水季，好在，它最终有惊无险地被建造起来了。

　　建成的那一刻，当地居民把当地德高望重的长辈都请到了新枫桥之上，举行了一场隆重且饱含感情的祭祀，表达对新枫桥的美好祝愿。周主任等当地乡里乡亲对设计者们的努力表达了诚挚的感谢，从他们的眼神里我们读懂了什么是真正的乡愁与乡情。

重生的枫桥（来源：赵强 摄）

烟雨蒙蒙鸡犬声，有生何处不安生（来源：赵强 摄）

近乡情更怯，不敢问来人（来源：赵强 摄）

# 枫桥经验陈列馆

**1 织补——曲折的形状，诗意与平衡**

在小城镇里造房子，和城市中不同。城市里，建筑项目的起点很可能是一张红线图，用地面积、用地边界在白纸黑字上说的明明白白，而摆在我们面前的任务，却是在一片密密麻麻的建成片区里，寻找相对合适的用地。

经过与业主共同的思索与探讨，一块形状曲曲折折的奇怪用地慢慢浮现出来：南侧紧挨我们帮业主刚刚改造好的孝义老街，北侧毗邻当地的"母亲河"枫江，东西两侧则是大小高低各不同的现存建成建筑。此处是几座荒废的公房，和几个扰民的木材石材作坊，拿地阻碍小，同时，搬走石材作坊，大大改善了贴邻村子的空气污染与噪声干扰。这样的用地形状再一次提醒我们，小城里做设计，没有宽阔的车道和见方的用地，我们要做的，就是契合城镇的肌理，以最谦逊的姿态，在可达性、用地获得容易度与便捷性之间，找到平衡。

**2 激活——对公共空间缺失的回答**

一个古镇入口，如果只能是古镇的入口，未免令人失望。枫桥古镇以及周边的城市肌理，极其缺乏居民的公共空间，我们希望本项目能对此有所回答。

面向孝义老街，我们半围合出来一个主庭院，接待八方来客，这个空间与城市之间隔着一片水面，客人进来之前，需要先上一座微微隆起的桥，跨越水面自然地完成过渡。主广场的东侧，还设置了一个重要的意向"映月"，不仅加强了诗意氛围，还成为游客与镇上居民的拍照打卡点。面向枫溪，我们通过自身与旁边老宅、牌坊共同营造出另一个半围合广场。这个水边的广

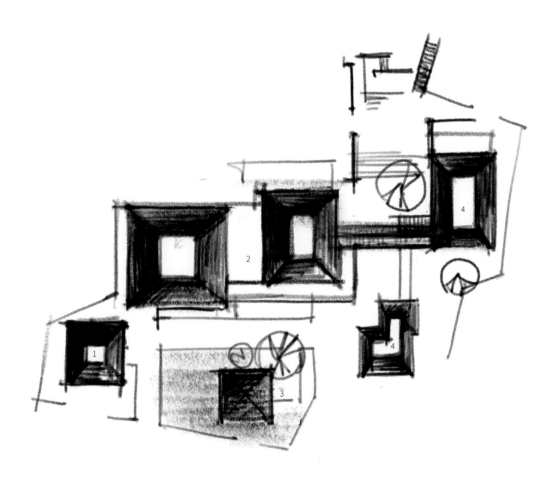

1 游客接待中心　　3 枫桥美术馆

2 枫桥经验陈列馆　　4 配套商业楼

古镇主入口总平面图

用石头做纱衣，面向水面裁出
半圆形的洞，盒子的表面，加
入山水的意向，晚上，石头里
透出微微的光。

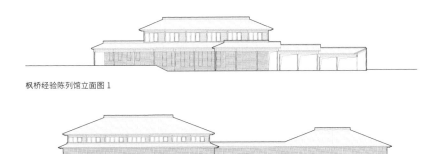

枫桥经验陈列馆立面图 1

枫桥经验陈列馆立面图 2

场，成为枫溪两侧沿路难得的"虚"空间，同时承接古镇渐增的人流。人们或眺望，或歇脚，或以古镇为背景拍照留念。项目建好后的第一个新年，当地还在此举行了盛大的民俗活动，为当地民众提供了一个好去处。

## 3 寻意——传统建筑精神的意境化表达

庭院的中心，我们在水面上放了一个玻璃盒子。给它穿上石头做的纱衣，面向水面裁出半圆形的洞，一轮明月瞬间倒映在水面上——中国人的古镇乡愁里，应该有月亮。

枫桥不止有古镇，还有山和水。盒子的表面，加入山水的意向，晚上，石头里透出微微的光。除了瞬间的诗意，还要有氛围。古镇入口的氛围，我们用传统建筑的意境来传达，不同位置对应不同意境，或显或隐，各有意蕴。

## 4 后话

在五栋中的两栋已经结顶时，业主传来消息，说为了配合"枫桥经验"五十五周年纪念大会的召开，需要把整个古镇入口区变为枫桥经验陈列馆。设计团队临时调整方案，在保持建筑主体外观前提下，加设连廊，进行一系列功能调整，与施工、展陈、景观等团队紧密配合，边设计边施工，最终如期完工，大会顺利召开。

映月山水（来源：赵强 摄）

石头盒子的院落（来源：赵强 摄）

疏影横斜水清浅，暗香浮动月黄昏（来源：赵强 摄）

城郭参差里，烟树有无中（来源：赵强 摄）

枫桥经验陈列馆主庭院（来源：赵强 摄）

连廊与院落（来源：赵强 摄）

# 五显桥茶楼

采仙桥的上游，还有一座古桥名为五显桥，连接桥左的中市和桥右的西市——桥上街，乾隆年的《诸暨县志》载此一带"商贾骈集"。[①]五显桥最初于明嘉靖年间由陈元壁、楼睿、骆珖三人筹建，初名三义桥。后圮，万历癸酉重建，改名五显桥。何为五显说法不一，有说是唐末东岳泰山神的五个儿子下凡，有说是明太祖抚慰死去的军士的亡灵追赠其为"五神通"（军人以五人为伍），还有说是狐、蛇、刺猬、鼠、黄鼠狼五种夜行动物的化身，总之都不是好神，民间唯恐其作怪，对其崇祀以避灾祸。

五显桥不但地理位置重要，还承载了枫桥很多典故，据陈炳荣先生《枫桥史志》记载，五显桥旁的土地庙曾为太平军临时指挥所，桥上亦设有望楼；抗战时国民党部队曾欲炸毁，乡人陈久林保全之，得到乡邻赞扬；抗战后，国民党吴万玉残忍杀害金萧支队战士，将其头颅悬于桥上，等等。五显桥本来是五个圆孔，由于战争毁坏，重修后如今"三方两圆孔"，形态上的不统一见证了这是一座历经沧桑的桥梁，从桥上走过，人们仿佛能感受到这里曾经有过的繁华与壮烈。

枫溪南岸，五显桥头，两座危房相继拆除，空出的一小块场地上可以新建一座小型公共建筑，桥上街一号。由于是公房，镇里可以决定新建筑的功能，这个位置在道路交叉口，又是临江的桥头堡，适合做小型商业。这两年到枫桥考察参观的团队日渐增多，综合考虑区位和业态，这座小建筑被定位为可附带轻餐饮的茶楼，适应接待需求又符合现代生活方式，新型商业的引入预示着枫桥在书写历久弥新的篇章。

①《诸暨县志》为清乾隆三十八年刊本，清·沈椿龄等修，楼卜瀍等纂。

五显桥与古镇（来源：赵强 摄）

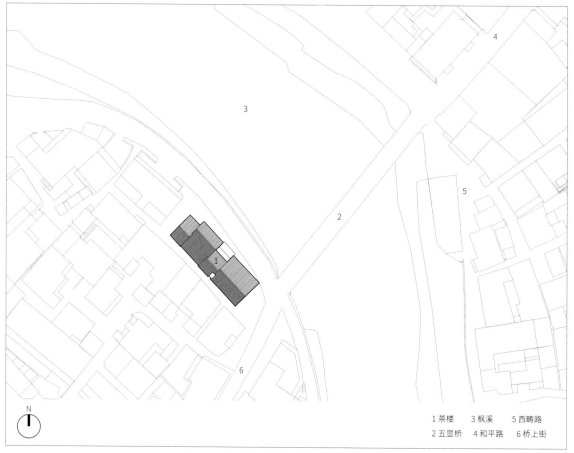

1 茶楼　　3 枫溪　　5 西畴路
2 五显桥　4 和平路　6 桥上街

茶楼总平面图

　　传统的村镇建筑密度高，村民自发建房很多不满足现有的消防规范。旧建筑拆除，在原址上新建建筑要遵守新消规，还要兼顾延续旧有的城市肌理。茶楼的用地上，两座被拆除的公房南临窄巷，只有一米多宽，西侧局部与保留民居是完全贴合的，这两侧都需要适当后退。拆出来的用地沿江展面较宽，进深有些不足。在茶楼的方案设计中，我们保持了南侧的窄巷空间，只是把弄堂尺度稍做放宽，以保证相邻建筑的地基不被新建筑破坏，最大限度维持了建筑的进深。新建筑西侧退离保留民宅三点五米，在西、南两侧不开窗洞，把消防间距用到了极限。

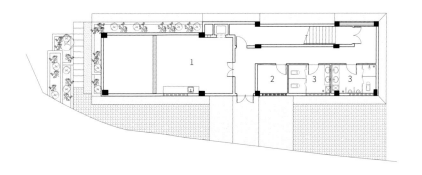

五显桥茶楼负一层平面图

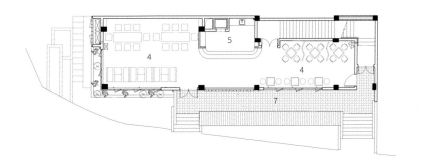

五显桥茶楼一层平面图

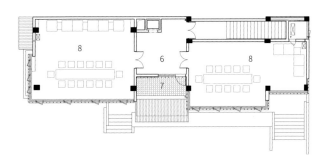

1 准备室　5 服务区
2 储藏　　6 前厅
3 卫生间　7 露台
4 茶室　　8 包间

五显桥茶楼二层平面图

茶楼所在的位置沿着枫溪南岸是一排三至四层的民宅，桥上街一号茶楼是这个段落的开篇。新建筑维持了原有建筑的层数和体量，采用坡屋顶造型，在沿江较长的展面上分段处理成几组高低错落的坡屋顶，外观上仍旧保持白墙黛瓦和深木色窗楞的格调，与经过外立面改造后的沿江民宅融为一体。细节之处，新建筑的"木色"并不同于改造立面的木头色，是由玻璃幕墙的深咖色金属框来实现，在传统中彰显出"新"意。

没有具体的任务书，茶楼内部的功能排布是由我们根据对场地和小镇生活的理解提出方案，经镇里审核，提出修改建议，再综合考虑定稿的。用地北侧临着的沿江道路恰好是江堤，建筑基底面比江堤低了两米多，所以沿江这排民房几乎都有一层是在路面以下，只适合布置辅助功能。茶楼沿用了这个格局，上面两层作为营业空间，首层是开敞式的茶室、厨房和柜台，临江设置檐廊、花坛，结合出入口布置台阶、栏杆；二层有两个包房，可通过一个单跑楼梯直通沿江道路；负一层布置了储藏室、卫生间、设备间，鉴于未来运营方式还存在不确定性，我们在辅房里布置了地沟、上下水和通屋面的排烟道，以便将来改造成简易的厨房。经营主体还没有明确，室内只做到简易装修的程度，留待业主深化。

茶楼自古有之，现代生活又赋予其新的含义，泡上一杯龙井或者咖啡，守着一台笔记本，一边聊天、一边做着自己的事情，饿了点些小吃，年轻人喜欢这样消遣时光，小镇里的茶楼还可以接待一下访客，这里承载着期许，茶楼或许能像陈记打面馆一样成为镇里一个新的聚会点。值得一提的是，这两座公房起先只拆除了第一幢，我们做了第一版方案，总面积在两百五十平方米左右，施工图完成以后，镇里又决定拆除第二幢，第一稿的设计图纸就作废了，场地扩大了一倍，建筑面积也几近翻倍，我们又做了第二版方案，重新出施工图，像这类不确定因素会影响到建设的进度，作为设计师，要时刻准备迎接这样的挑战。

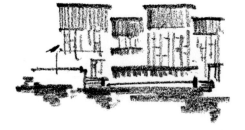

村民活
动中心

小天坚高下桥

# 小天竺前广场

"不能让他们在这里停车了。"镇领导指着小天竺门口这块不大不小的广场说,"真的是搞得乱七八糟。"

　　第一次来到小天竺前面的广场,是开车过来的,我们的车与其他的车一同横七竖八随意停放在这里,一片混乱。若不是山上隐约可见的"小天竺"三字石刻,可能大家都以为这里是停车场,而不会有人知道这里是枫桥最重要的景点之一吧。别看作为市级文保单位的小天竺在今天似乎有些破败,人气也不旺,但在历史上,却有许多故事可说。枫桥小天竺的历史可以追寻到明朝中叶,最开始是处士骆骖的别墅,由其子,也是明朝著名的政治人物、学者、作家骆问礼进行重建,而其形成"小天竺"的形制,则要说起骆问礼的孙子骆小虹了。[①]

　　骆小虹的母亲笃信佛教,一年几次要到杭州天竺去烧香,唯一的交通工具是坐排筏,排筏撑到萧山闻堰、义桥之处,一条是富春江,一条是浦阳江,与钱塘江交汇,三江水面开阔,烟波浩渺,钱塘前浪涌后浪,排筏跌宕起伏,浪花泼湿衣裳,来往一趟十分辛苦。骆小虹可怜他母亲,决心按照杭州天竺的模样,照式地造一个,供母亲参拜以尽孝子之心。骂过皇帝的海瑞到过小天竺,在小天竺内留下"枕流漱石"四个字,至今仍存。董其昌、陈洪绶、祝明允、王守仁也到过小天竺,也留有墨迹传为佳话。张岱《陶庵梦忆》卷四《杨神庙台阁》曾提到:"十年前迎台阁,台阁而已;自骆氏兄弟主之,一以思致文理为之。扮马上故事二三十骑,扮传奇一本,年年换,三日亦三换之。"旧时奢侈的情景让人诧异:"是日以一竿穿旗三四,一人持竿三四

① 骆问礼(1527-1608 年),字子本,号缵亭,浙江诸暨枫桥钟瑛村人。明嘉靖四十四年(1565年)进士。著有《续羊枣集》、《万一楼集》、《外集》,编纂隆庆《诸暨县志》。骆小虹为其孙子。

小天竺前广场原状

小天竺内景致

走神前，长可七八里，如几百万白蝴蝶回翔盘礴在山坳树隙。四方来观者数十万人。市枫桥下，亦摊亦篷"。一八六一年，太平天国运动，小天竺毁于兵烬，后由陈家的学心先生重修，然而到了"破四旧"时，小天竺再次被破坏，当地村民搬进小天竺去住了，将石窟所有遗佛扳倒凿掉，岩洞关猪，禅房生儿育女，变成了俗人的洞房，菩提颓败。二十世纪八十年代的时候政府拨款重建，但不免有的地方考虑不周，小天竺再也无法重现往日辉煌了。然而，由于其基本形制仍然得以保留，又有在历史上巨大的影响力，加之现在小天竺也是枫桥名贤陈列馆的所在地，陈列着包括枫桥三贤在内的诸多枫桥名家的事迹、遗物，因此，小天竺依然是枫桥古镇旅游的重要组成部分，也是来到枫桥游客的必到之地。 如何复兴小天竺，将它的影响力再次广播，会成为枫桥古镇旅游的重要一环。

想再次恢复小天竺的繁荣景象，整修前广场这个门脸，便是当下最直接和有效的办法了。面对小天竺门口整齐排列的小轿车，我们既感到不可理喻，又觉得合情合理。觉得不可理喻，是因为还从未在哪个景区见过停放的车辆堵了景区大门的；觉得合情合理又是因为这倒与更新前的枫桥古镇相映成趣了。究其原因，反映了几十年前快速城市化发展过程中野蛮生长的小城镇建设，带来公共空间规划混乱的问题。城市公共空间的功能，更多是根据实际使用需求自发形成的。这种只求方便，不求系统的功能分配方式，给城市界面带来了诸多问题。所以，为这片区域找准定位是十分重要的。

当然，从小天竺门前的现状来看，在当初的广场规划中，在小天竺前广场的南侧，早期的设计者已经为此地的功能作出了一定的指定，并希望通过设计，引导这里变成一处可供居民使用的街旁公园。这处小型绿地内植物茂盛、茁壮。还有一处爬满紫藤的钢筋混凝土廊架，虽然已经非常陈旧，但从休息廊架的花岗石贴面和铺装中，还是能感觉到当初花了很大的力气对这里进行建设，甚至在后期，一些体育健身设施也被引入，希望吸引更多的居民

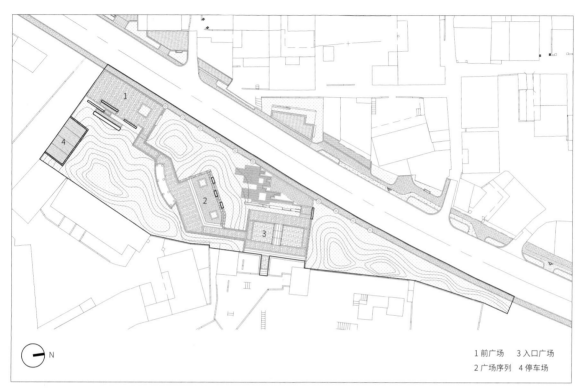

1 前广场    3 入口广场
2 广场序列  4 停车场

小天竺前广场总图

小天竺前广场改造后效果图

使用这个小型公园。但事与愿违，在多次的走访调查中，我们都几乎没有看到有居民在这里活动，不论廊架与设施，最终都成了摆设。见缝插针的停车场，无人问津的小公园，在这片重要而又并不大的场地里，两个需求度完全相反的功能矛盾对立起来了。这样的功能问题，我们可以通过对这片场地的景观再设计，再布局去解决吗？景观的设计是一个系统，影响最终是否能达到设计目标的因素很多，解决场地自身矛盾，只能解决了一部分问题。而整个系统的解决方案，才是最为关键的。幸运的是业主方也打破了以路为界线的整治提升模式，提出了镇域范围内整体考虑。因此古镇景点与配套设施与小天竺景点的联系在设计上进一步加强，对小天竺所在的紫薇山与枫溪江畔的整体规划开发也有力推进，使得小天竺门前这片小场地不再孤立无援，而变成整个枫桥古镇绿化公园体系的组成部分。

改造后的小天竺前广场

# 村民活动中心

枫溪路村民活动中心，原先是老年活动室，还兼具公厕的功能，位于枫溪路中段的一个难得的开阔一点的三角形空间内。由于特殊的位置与功能，在整条枫溪路的修缮改造中，变成了一个重要的节点。然而结构检测对它的现状不甚乐观，如果要通过加固的方式来进行整体翻修，其操作繁琐程度与代价都很大，再三衡量之下，业主与村委决定，与其继续使用一个结构脆弱的房子，不如在原址上重新再造一个。再造同时具有诸多条件：房屋轮廓、高度不得超出现状建筑；面积不得低于现状；坡顶造型要与现状基本保持一致。这样的约束下，新建的建筑可能更像是一种"复建"。

活动中心的两边，仍然是粉墙黛瓦，但它已经是在古镇风貌协同区的外围，我们希望既能完美融入古镇风貌，又能彰显某种公共性与现代性。在浓浓的乡村味中，现代中式显然是不合时宜的。

原先的老年活动室

我们选择了另一条路，对一座老房子进行非常规的操作：在一个方向上尺度拉长，将最标志性的形式"坡顶"进行重复、错动，用一种"同质异物"的方法实现传统风貌的协同和现代性的演绎。原先的老年活动室是一栋长条形的两层双坡顶建筑，从枫溪路上过来，一眼就能认出它特别的造型：通往二层的楼梯做在了室外，一条直跑楼梯从二层走廊从山墙上一个门洞直接穿下来。这样一个正对着路的山墙造型，在整个古镇里独一无二，给我们留下了深刻的印象。我们希望能够把这种记忆留下来，因此在复建方案中，在山墙附近同样设置了室外直跑楼梯。

村民活动中心区位图

施工中的村民活动中心

我们对村民活动中心的期望，不仅仅是造了一座新房子。它应该是村子里的一处"记忆点"：姑嫂午后的茶话，爷爷奶奶们的太极拳，孩子捉迷藏与追逐嬉戏，当他们想起这些事，第一个能想到来这里。同时，它又能遮风挡雨，给人带来一定的庇护。于是，我们考虑了架空层的方式，留出了更多的空间和可能性给予未来未知的使用可能性。

架空层是室外的活动，而进入二层室内，则一半是功能可变的茶室或者棋牌室，另一半是阅读室，保证活动室既能满足大人的活动需求，又不将孩子们隔绝开。由于阅读空间需要的层高要求不高，我们在阅读室上方还设置了夹层，这是我们送给村里孩子的礼物：他们可以通过书架围成的书梯登上夹层，白天，眼前是古镇连绵不绝的屋顶，像吴冠中的画变成了现实，夜幕降临，星星月亮仿佛就在头顶，诉说着遥远的神话。

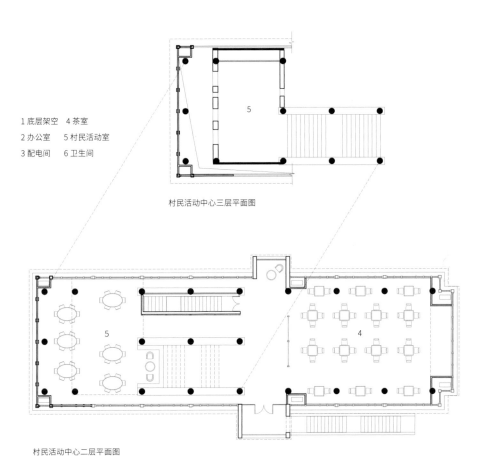

1 底层架空　4 茶室
2 办公室　5 村民活动室
3 配电间　6 卫生间

村民活动中心三层平面图

村民活动中心二层平面图

村民活动中心一层平面图

附录

二〇一七年三月二十八日，时任省委书记、省人大常委会主任夏宝龙赴诸暨枫桥镇调研。（来源：浙江新闻客户端记者 梁臻 摄）

# 访谈录

从决策者、管理者、施工方
到古镇乡贤乃至古镇居民
不同的人在枫桥古镇更新中
给予了不同的力量

**分管市领导**

**UAD：枫桥古镇更新项目的初衷是什么？枫桥古镇整体更新对诸暨市有哪些方面的意义？**

**领导：**枫桥镇是诸暨市东北部政治、经济、文化中心，是"枫桥经验"的发源地，也是我省首批历史文化名镇，拥有了较多保存完好的历史古街和古建筑。当初推动枫桥古镇更新项目主要就是要保护传承枫桥古镇历史文脉，整体提升枫桥集镇形象，从而推动古镇文化、旅游等方面的发展。

枫桥古镇的整体更新，一是打造了一批精品古街，大大改善老街人居环境，有效保护了老街建筑风貌；二是古镇的改造成功，对诸暨市今后进一步推动草塔、店口、山下湖等文化古镇、时尚小镇更新改造具有示范引领作用；三是古镇在规划设计阶段，充分运用了"枫桥经验"，坚持以人民为中心，把规划交给生活在镇上的人们，让规划更加务实、亲民，有效推动古镇更新改造工作落实落地，也为诸暨市今后开展旧城、街区、村庄更新改造工作中提供了借鉴和经验。

**UAD：目前的改造成果您肯定的方面与需要改进的方面有哪些？**

**领导：**总体而言，枫桥古镇改造项目达到了预期的成效。一是规划设计方案特色鲜明，精品精致，让古镇"留得住乡愁，看得见发展"。二是保护与更新有机统一，古镇在改造过程中本着"修旧如旧"的原则，通过修复、改造等多种方式有机结合，保持古镇原有老街立面、聚落空间、街巷肌理，确保古镇历史脉络、地域文化等要素得以延续。三是建筑与周边环境协调融合，路面材质的选择、景观小品的布局、灯光效果的设置等，都紧紧围绕古镇古街的整体风格有序展开，使得建筑跟周围环境形成了一个统一的有机整体，从而使古镇真正散发了独特的魅力。

但与此同时，在古镇更新的后续方面还存在不足。一是对产业的促进性不强。一方面因在设计过程中队旅游配套设施考虑不足，另一方面因改造后业态人气不足，美丽经济并未能有效激活，古镇居民获得感不强。二是古镇长效维护困难。古镇立面改造主要通过添加建筑构件、文化砖贴面等工艺形成效果，但随着时间的推移，存在一定的安全隐患，后续维护管理压力较大。

**UAD：您心目中对于枫桥未来美好的愿景有哪些？**

**领导：** "显山露水、粉墙黛瓦、深巷老宅、青石街道"，目前呈现在大众眼前的已是古韵十足、乡愁遍地的枫桥古镇。但古镇的生命力，不仅需要美丽的"颜值"，更需要人与业态和谐相融的"气质"。二〇一九年，省委省政府高瞻远瞩，提出了美丽城镇建设战略部署，全力打造环境美、生活美、产业美、人文美、治理美的"五美"城镇。枫桥镇要因势利导，结合美丽城镇创建，把枫桥古镇跟"枫桥经验"、"枫桥三贤"等几大优势品牌有机结合起来，依托品牌 IP，重点发展文创、旅游、教育培训等产业，全力打造全国有名的文创小镇、诗歌小镇、平安小镇。

二〇一六年三月，时任绍兴市委常委、诸暨市市委书记张晓强（左一）在时任诸暨规划局副局长陈迪（右一）和项目负责人莫洲瑾（右二）的陪同下，莅临枫桥考察。

柴锦副镇长在现场检查工作

**柴锦**

时任枫桥镇副镇长、副书记

分管城建工作

**UAD：您觉得改造后的枫桥最大的变化是什么？**

柴：改造前，这块区域还是一片旧平房，现在已经是古色古香的江南民房。既有对"枫桥经验"、枫桥大庙等红色资源的呈现和三贤文化的弘扬，也彰显出了溪上古镇的风貌特色，与山水格局融为一体。环境变得更美，生活变得更宜居，多年的古镇梦初步照进现实，真正让老百姓看到了环境治理的成效、体会到了美丽城镇的蝶变。如今沿街店铺经营户和居民的抱怨少了，牢骚没了，思想通了，镇上很多老百姓还自发创作了打油诗和民谣，真情点赞这项民心工程。

**UAD：您能对我们的工作做一个简单评价以及提供一些建议吗？**

柴：贵院的工作是有水平、值得肯定的，从改造成果看，围绕"留得住乡愁，看得见发展"的目标，初步实现了"保护和利用并重、文化和旅游并进"的构想，使得枫桥古镇在"枫桥经验"五十五周年时能够精彩亮相，成为枫桥的一张文旅名片。但受到多种客观因素的影响，规划设计时提出的关于"枫桥经验"产业化、实景化的发展策略，还没有深入落地。我们看到，古镇形象是美的，但旅游配套不足，作为旅游目的地的吸引力还是不足，需要后续招商，把文旅产业带进来。

**UAD：从政府角度看，对枫桥古镇后续的发展计划有哪些，具体到项目？**

柴：一是以"枫桥经验"带动枫桥古镇人气。"枫桥经验"是枫桥最大的亮点、最响的招牌、最有含金量的名片，所以在做古镇后续发展的时候，要做好二者的结合文章。现在我们古镇上有"枫桥经验"陈列馆，业态招商也在布局当中。下一步要利用古镇街巷和开放空间打造"枫桥经验"场景模拟，提升研学的沉浸感，让参观团队和游客身临其境感受到"枫桥经验"红色经典，推动流量经济的转化。

二是以项目带动古镇保护与文旅开发相结合。现在枫桥与光大金控合作成立了枫桥古镇文旅产业基金，引进高质量的资源和专业团队，项目拟在古镇区域新建艺术广场、旅游集散中心，并长期租用古镇核心区的沿街商铺、老台门，打造国际文化民宿群。未来的枫桥古镇将成为枫桥文旅产业的核心区域和发展引擎。

**卢芳霞**

时任绍兴市委党校教授、"枫桥
经验"研究中心常务副主任
"枫桥经验"学术专家
曾挂职枫桥镇党委副书记
负责编写枫桥古镇"十三五"规划

**UAD：您能否跟我们讲讲枫桥能够孕育出"枫桥经验"的人文历史背景及根源是什么？**

**卢：**一个偏居一隅的小镇，能够出全国闻名的经验，而且经久不衰，必有其独特的人文历史、政治渊源等原因。枫桥能够孕育出"枫桥经验"这样有名的经验，究其根源，主要是两点。

第一，枫桥有着深厚的文化底蕴，这是产生和发展"枫桥经验"的人文基础。枫桥镇是全国文明镇、中国书画之乡、浙江省首批历史文化名镇。枫桥历代名人辈出，古有"枫桥三贤"王冕、杨维桢、陈洪绶三位中国古代文化艺术史上的名士。近代以来，又有以中国共产党早期工人运动领袖汪寿华、北大首任校长何燮侯、小麦之父金善宝、水利专家梁焕木等为代表的名人志士。另外，理学大师朱熹曾四次莅临枫桥义安精舍传经讲学，儒学大家陈寿在枫桥宅步寄隐草堂著书讲学长达二十余年，可以说程朱理学和儒家思想在枫桥的传播影响深远。正是这样深厚的文化积淀孕育了枫桥理性成熟的公民，代代传承的理学文化影响了枫桥当地人说理斗争的思维模式，优良的教育环境造就了民主意识较高的居民，这些也是催生、发展"枫桥经验"的重要原因。

第二，枫桥有优良的革命传统，这是"枫桥经验"产生的红色基因。枫桥区是革命老区，在抗日战争和解放战争过程中，都作为浙东的主要根据地。一九三九年周恩来同志曾到枫桥大庙内发表了抗日演讲，点燃浙东抗日烽火。一九四九年解放时，以枫桥为据点，浙东人民解放军一路南进解放诸暨县城，一路东进解放绍兴县城。中华人民共和国成立后，枫桥一直是各类政治运动的试点地。正是这样的优良革命传统，造就了枫桥敏锐的政治意识、丰富的政治斗争经验，这是一九六三年枫桥被选为社会主义教育运动试点的重要原因，也是五十多年来"枫桥经验"始终能紧跟中央政策方针，与时俱进不断创新政治经验的重要原因。另外，还有一些因素，如枫桥有发达的经济基础、便捷的交通条件等，这些也是构成诞生、发展和创新"枫桥经验"的外在条件和内生基础。

**UAD：在枫桥古镇更新中，您觉得"枫桥经验"如何与古镇更新发展产生互动和积极作用？**

**卢：**"枫桥经验"是枫桥古镇的精神灵魂与显著特色，枫桥古镇是"枫桥经验"的彰显场域与外在载体，两者相辅相成，相得益彰，并将始终互为推动、互促发展。第一，枫桥古镇以"枫桥经验"为灵魂，彰显出独特的文化底蕴和红色基因，在浙江诸多特色小镇、全国诸多现代古镇中，显得与众不同、独树一帜、避免了"千镇一面"的同质现象。"枫桥经验"是中华人民共和国历史上极少数诞生于二十世纪六十年代、发展于改革开放新时代、创新于中国特色社会主义新时代，前后历经五十六载，至今仍然具有旺盛生命力的地方经验。最令人津津乐道的是，这个地方政治经验先后获得了毛泽东主席亲自批示推广和习近平总书记指示坚持发展，有两代国家最高领袖来批示推广一个地方经验，可以说是全国绝无仅有的！"枫桥经验"最大的特色是始终依靠群众、发动群众，就地化解矛盾，这正是我党的群众路线法宝，也是中央高层始终力推"枫桥经验"的主要原因。五十多年来，"枫桥经验"广为全国所知，已经成为枫桥的代名词。因此，枫桥古镇的开发和更新，非常重视"枫桥经验"元素，突出这份与众不同。

第二，"枫桥经验"以枫桥古镇为场域和载体。经验是一种无形的东西，必须要依托一定的载体展示出来，而且要以与时俱进的载体展示出来，否则五十多年前的经验会变成一种符号，会变成一个古董。新时代的"枫桥经验"现在通过古色古香、又富地方特色的古镇展示出来，随处可见的红色经验坐标，随时可品的红色精神神韵，形成了一种良好的场域，每每让参观学习的客人流连忘返，时时让枫桥当地居民有满满的认同感和获得感。

第三，枫桥古镇将有效推动"枫桥经验"发展与枫桥产业转型。目前以枫桥古镇为主要依托，申报了平安特色小镇，将文旅有机融合、产学研一体化，撬动枫桥产业转型，实现"枫桥经验"与枫桥经济双轮驱动。因此，枫桥古镇建设是实现枫桥经济再腾飞的一个有力引擎，承载着枫桥人民对美好生活的向往。从此种意义上讲，枫桥古镇肩负着重大的历史使命，我们期待其早日建设，并在未来的日子里，始终随"枫桥经验"与时俱进，始终根据经验的创新而不断更新古镇。

周小海

时任枫桥城建办主任

现任枫桥古镇招商运营负责人

**UAD：作为土生土长的枫桥人，您觉得枫桥最具有记忆、值得保护的乡愁是什么？**

周：作为土生土长的枫桥人，最具记忆的是枫桥古镇曾经繁华的商业老街场景和古镇老街建筑。枫桥古镇是全国历史文化名镇，最值得保护的乡愁是枫桥的传统历史文化的保护、传承和发扬。"枫桥三贤"、"枫桥经验"等充分说明枫桥传统文化深入人心，并呈现出强大的生命力，折射出耀眼的光芒。

**UAD：枫桥古镇更新项目实施以来，枫桥以及枫桥人的生活发生了什么改变？让您印象最深的是什么？**

周：枫桥古镇更新项目实施以来，枫桥环境更美了，建筑更有韵味了，枫桥人更加憧憬美好的明天，生活自信心更强了。印象最深的是引来投资商关注的目光，加快投资发展枫桥经济。

**UAD：目前古镇的招商运营有何计划与进展？**

周：通过枫桥古镇建设发展，招商引资更具吸引力。镇党委政府把招商引资、古镇商业、旅游运营作为工作重点来抓，招商引资显现出较强发展态势。如光大金控枫桥文旅产业基金已落户签约枫桥，该基金投资"枫桥经验＋枫桥古镇＋乡村综合体＋国家营地"项目，打造长三角旅游目的地，目前各项工作已有序开展；枫桥古镇紫薇山休闲旅游度假区项目，投资、新建"三贤馆"、"三贤广场"、步游道、风雨连廊、摩崖石刻等、市领导亲临现场踏勘，已通过初步设计规划方案，并已成立项目实施领导小组；杭派服饰产业园落户枫桥一期已启动建设，力争打造集服装生产智造基地、设计研发基地、商业展览基地、电商配套基地等，成为纺织服装生态园区示范基地。

本人很幸运与你们最早参与枫桥古镇建设发展，你们本着尊重历史、尊重事实的精神，夜以继日、时不我待，为枫桥古镇建设项目，出谋划策、精心设计、不负使命，再次深表由衷谢意。以上问卷因个人水平有限，难免有误，请予指正，望大家继续努力，为枫桥发展而共勉。

陈招英

业主工程师

园林专业高级工程师

**UAD：作为诸暨市资深的业主景观工程师，您的加入大大加强了古镇办的技术管理力量，那么是什么促使你离开多年市里的工作岗位，加入枫桥古镇办呢？**

**陈：**枫桥古镇是浙江省的第一批历史文化名镇，当时枫桥镇镇长联系我说枫桥要进行古镇建设（当时称为小城镇建设），镇政府缺少相应的专业技术人员，希望我能参与到该项目的建设过程中。我是一名园林景观工程师，一直以来都在从事与风景园林、古建筑相关的工作，以及风景名胜区（旅游区）的规划建设管理、古建筑的异地迁建和仿古建筑的施工管理等工作。在详细了解了工作内容后，我觉得我有这方面的专业经验以及兴趣爱好，我应该能够胜任这项工作；同时枫桥作为历史文化名镇，面对这么好的机遇，枫桥应该有所作为，应该把丰厚的文化底蕴挖掘和展示出来；还有，我希望自己能在古镇古村落的保护方面以及古建筑的修缮方面增长一些新的知识点，来丰富和充实自己。

**UAD：您觉得枫桥古镇更新中，最有成就感的和最困难的部分分别是什么？**

**陈：**最有成就感的部分是古镇核心区域包括古镇入口区、彩仙桥、青年街、和平路、新街、百丈弄、太和坊以及沿江南岸北岸建筑立面和景观整治完成后呈现出来的一个形制完整（街、弄、坊）又富有生活场景气息（枫溪江几个埠头）的古镇风貌。

最困难的部分首先是在施工过程中同时兼顾工期、质量、造价的把控，二〇一六年孝义路立面整治和二〇一八年枫桥经验陈列馆施工时，设计、施工、监理、建设单位人员日夜赶工，终于迎来住房和城乡建设部小城镇建设现场会和枫桥经验五十五周年纪念活动的顺利进行；其次是文化内涵等业态的充实，在整体的布局和建筑的设计中我们有多处公房设置有文化的陈列展示、民宿、传统名店等功能，但由于招商条件的限制，始终没有让我们的街巷真正地活起来，起到吸引游客的作用，希望接下来能有所改善。

陈招英主任在现场指导施工

**UAD：枫桥古镇更新项目的设计管理工作模式与其他常规项目有什么区别？**

**陈：**首先是枫桥古镇项目作为建设单位没有一份明确的设计任务书交给设计单位，完全交予设计单位"自主发挥"，这在我以前的项目管理中是没碰到过的。

其次是设计单位要做到多专业的协同统一，不单纯考虑建筑和景观，还要统筹文化、旅游要素、社会治理等专业方面的内容。

第三按照常规的投资审批程序，是从"项目建设书——可行性研究——初步设计"依次进行，但枫桥古镇项目可以说是边调研，边规划，边设计，有时候有些程序甚至是倒着走，施工图出来后才走单个子项目的立项报批程序。

**蔡炬桦**

枫桥镇城建办古镇工程管理处负
责人

**UAD：从乙方设计师到政府的建设管理者，你对这种身份转变有什么体会？**

**蔡：** 没有一个甲方是天生就爱催图纸的，也想着换个角度换位去考虑，但是往往催图的甲方只是甲方这个群体中最末梢的存在，不管甲方乙方都有自己的不容易，有自己的难处，但是在一次次磨合中结下更多的是友谊的，那不管是甲方还是乙方都是成功的。

**UAD：古镇更新实际工作中遇到的困难有哪些？**

**蔡：** 最大的困难在于工作过程中需要对老百姓做许多沟通工作，需要争取他们的支持，满足他们提出的需求，但是只要老百姓对我们这份工作是支持和理解的，那就是我们工作最大的动力，让我们觉得付出是得到认可的，这就足够了。

**UAD：能不能给我们描述一件您印象最深的事情？**

**蔡：** 很多事很多人都是难以忘怀的，二〇一六年十月十三日来枫桥上班的第一天去古镇孝义路口报到，二〇一七年小城镇环境综合整治迎检当天凌晨在五显桥上最后一遍检查完整体线路，天空飘起了雪花，满满的成就感。印象最深的应该是二〇一八年十月二十五日枫桥经验陈列馆为了完成节点性任务，因部分材料缺少，连夜柴书记一起自己叫车，联系了最近的材料商，到仓库搬材料，因太晚工人都已下班，几个人把材料搬上车，连夜拉回工地，早上五点多顺利地完成这次任务。文字可能平白无序，但经历过才铭记于心。

**斯永灿**

枫桥镇孝义路 A 段施工队负责人

**UAD：您是哪里人？您能介绍一下您自己吗？您的工友们都来自于哪里？**

**斯：** 我是诸暨市东白湖镇船南村人，枫桥孝义路立面改造工程 A 标是由浙江金诺市政园林有限公司承建，本人与金诺公司老总方可金是朋友关系，当时他全权委托我负责该项工程的建设，希望孝义路 A 段工程能保质保量并按时完成。

**UAD：在孝义路 A 段中投入了多少时间与人力？**

**斯：** 时间是三个多月，在八月底我立刻组织了诸暨各地的几百人队伍进行施工建设，但没过几天枫桥镇政府下达了指标，要求该工程在四十五天内基本完成。

**UAD：当时在这么短的时间内完成这个施工任务遇到了哪些困难，是如何克服的？**

**斯：** 这个难度可想而知，再说是近似于仿古的立面改造工程，再加上强电、弱电、道路交通改造工程等交叉施工，可以说给施工队带来了巨大压力，同时也给我们增加了经济运营成本，但我们是赶鸭子上架，任务是不得不完成，就这样我们几百人夜以继日地施工，最终创造了枫桥速度，同时也创造了简直不能完成的奇迹。

骆燕军

枫桥镇孝义路 B 段施工队负责人

**UAD：您是哪里人？您能介绍一下您自己吗？您的工友们都来自于哪里？**

骆：我叫骆燕军，诸暨枫桥人。浙江省东海建设有限公司孝义路 B 标段项目负责人。我从事立面改造，古建筑保护、修复等行业。修复古建筑于安徽蚌埠中华古民居园内的工程，北京世界园艺博览会的金奖项目，云南大理白族古民居整体迁移修复工程等。孝义路 B 标段工友来自诸暨、宁波、嵊州、山东、安徽、四川、江西等地。

**UAD：在孝义路 B 段中投入了多少时间与人力？**

骆：孝义路 B 标工期为四十五天，前后投入四百多人，外协材料加工五百多人，累计投入人工四万多工时，吊机五百多台班，叉车一百多台班。

**UAD：当时在这么短的时间内完成这个施工任务遇到了哪些困难，是如何克服的？**

骆：因施工工期特别紧，我们从二〇一六年九月二日进场施工，到住房和城乡建设部领导考察小城镇综合治理现场会（二〇一六年十月十四日）前后不到四十五天，期间遇到台风下雨天气，多项目交叉施工（电力、交通、景观绿化、燃气、污水改造等），而且 B 标段内房屋建筑多为二十世纪八九十年代建造的，当时造的房屋不牢固，加固修复整改难度大，改造引起很多住户因为出行、生活的不便造成抵触情绪很大，用我们切实为住户改造整治环境的初心做了大量的安抚解释工作才使住户从反对到点赞为止，因工期紧迫很多材料短期内采购不到，需定点加工，对于以上困难，我项目部在浙江大学设计专家团队的指导下及项目工程师、工友的大力配合下克服重重困难按时完成工程。

**UAD：立面改造类型的施工与其他类型的施工项目有何不同？**

骆：本立面改造工程涉及多类型全覆盖项目：它包含了土建切筑、抹灰、仿古门窗、钢筋混凝土、外墙保温、外墙脚手架、专项防护、钢结构、木结构、石灰、瓦作、防腐、防火、防蚁、油漆、建筑装饰、铝合金饰材、GRC、仿古雕花、古建砌工程、空调及太阳能拆装工程、吊顶工程等。

孝义路施工现场

枫江沿岸施工现场

新枫桥施工现场

**王工**

青年街、和平路、沿江施工队工匠

**UAD：在什么样的机缘巧合下您参与了枫桥古镇更新项目？该项目与您之前参与的项目有何不同？**

**王：** 在青年街项目是我们进入枫桥古镇改造的第一个项目，在青年街项目中我们团队花二十天的时间在与设计院工程师的合作下以古建筑修旧如旧、保持街区原始风味的方针领导下打造出了改造样板区域，并得到了业主主管团队的一致认可。

**UAD：青年街、和平路、沿江的改造施工中分别遇到了哪些难点？您是如何解决的？**

**王：** 枫桥古镇改造项目由于地处枫桥老街区，施工区域人员杂乱，许多原居住者不愿意临时搬离住宿，加之部分房屋因年久失修已达危房级别，我们团队与设计工程师也是针对每一处房屋制定详细施工方案，焕发出了"枫桥经验"的新风采。尤其在沿河区域施工中恰逢雨季，在屋面翻新工程中我们采用了屋面木作预加工，现场集中人员分批揭瓦卸顶、维修木架、铺设新的屋顶，在施工中做到了每一户当天完成防水铺设，三天完成屋面瓦片铺设。展示了团队的力量，博得了百姓的赞赏，自然也得到了业主的认可。

**UAD：相对传统木构建筑施工工艺来说，现代木构施工是否有不同？**

**王：** 在整个项目中我们采用榫卯穿拼的传统木构工艺，我们一直认为木材是活的材料，在使用每一根材料的时候，我们的划墨师傅会根据每一段木料树性把它用到最合适它的地方，而不是我们从锯板厂拉来一堆料子直接来做房子，后者做出来会更加横平竖直，但后者仅仅会让强迫症患者感到舒适，因为缺少工艺，缺少艺术，缺少灵魂。

**楼旺鑫**

枫桥乡贤联合会会长

**UAD：您认为枫桥最值得挖掘与发扬的传统文化有哪些？**

**楼：**第一，南宋年间，著名哲学家、教育家朱熹多次来枫桥访友谈名理，在哲学上发展了二程的理气关系学说，建立了完整的客观唯心主义的理学体系，后人称作"程朱理学"。给枫桥人思维、方法、行为、成就等留下了难以磨灭的贡献；第二，南朝（公元五三六年）古刹化城寺，"化城"一词源于《妙法莲华经》中"前有一城，速去化斋"的佛教故事，与九华山的开山主寺（化城寺）一脉相承，是以最著名的地藏菩萨的道场，通过佛法的本质，改变人的体质、精神和气场；第三，明代著名政治人物、学者、作家骆问礼（1527—1608 年），曾任湖广副使，以《十事奏疏》而著名，被晚明文学家、史学家张岱称其为"朱紫阳之功臣，海忠介之高弟"。明代万历年间骆问礼在紫薇山岩壁下建文昌阁，旧有楼阁数楹，祭祀文昌帝君，文昌帝君是掌管士人功名禄位之人，保一方文风昌盛，官运亨通。

**UAD：您觉得枫桥古镇更新项目对枫桥发展有什么意义？**

**楼：**第一，枫桥古镇的背街小巷立面整治、新中式改造、区域河道提升、"彩仙枫桥"和"枫桥经验"陈列馆等建设改善了集镇居民的生活环境，增进了全体枫桥人的建设家园的信心，实现了几代枫桥人的梦想；第二，因各方面原因，本次古镇建设仅停留修旧如旧的更新上，对古镇的整体规划、商业地产开发、运营管理以及名人古迹挖掘等事项考虑不够周全。却为今后枫桥打造文旅新产业奠定了一定的基础；第三，"枫桥经验"是枫桥、诸暨、绍兴、浙江的一块金字招牌，是新时代思想的基层综合治理之重要内容，陈列馆新建及周边环境整体打造，为各地各级政府、企事业单位、社会团体学习、参观、访问等活动提供了非常重要的场所。

**UAD：枫桥乡贤会在枫桥古镇更新中起到什么作用？**

**楼：**第一，枫桥乡贤会于二〇一四年年底成立，凝聚了乡贤的力量。古镇建设的前期，诸多乡贤积极参与了项目的建议策划，从而促动政府启动该项目的决心；第二，枫桥乡贤会利用各乡贤的智慧，协助政府出谋划策，乡贤会提出参照延安干部学院、井冈山干部学院，打造中国政法委系统的"枫桥经验"干部学院的动议，进行逐级上报，最后确定立项建设"绍兴枫桥学院";第三,枫桥乡贤会动用各种资源,先后与中国作家协会合作,促使政府签订了共建"诗歌小镇"的协议,为此引入了中国美院、中国电建集团华东院全案策划枫溪江两岸景观提升和新枫桥建设;第四,枫桥乡贤会充分发挥自身优势,补给政府的管理力量,多次参与古镇改造多个子项目的专家评审工作,为整体项目的推进完成应尽的义务和贡献;第五,古镇的更新,激发了乡贤回乡的热情,吸引着资本的力量,凝聚了乡贤企业家的目光,产生了巨大的羊群效应。纷纷回乡投资建设,大批项目不断涌入,乡贤成为建设家乡的排头兵,如"印象枫桥"、"杭派服饰"、"春江明月"、"云溪九里"……文旅、房产、工业等项目兴起。

**陈海**

枫桥古镇三贤文化研究会会长

**UAD:能否为我们介绍一下枫桥三贤文化以及您研究它的原因?**

**陈:**人们把浙江诸暨枫桥元明清时期的王冕、杨维桢、陈洪绶尊称为"诸暨三贤"或"枫桥三贤"。他们在诗文书画等方面的成就十分卓著,被世人所尊崇,并载入国史、方志及各类文献中。他们身上体现了枫桥传统的"忠孝义安"精神。古镇枫桥三贤文化研究会于二〇一六年十一月二十四日在枫桥镇政府正式成立,目的是为了充分发挥研究会在创建"文创"小镇中的作用。

**UAD:运营旗袍店与拳馆的初衷是什么?改造后的青年街对相关文化活动的开展有哪些方面的促进作用吗?**

**陈:**运营旗袍馆和拳馆的初衷是为了更好地传承"枫桥经验",依靠群众,发动群众来搞活古镇经济。原先古镇的群众文化生活比较缺少,现在以旗袍馆和拳馆为依托,群众的业余文化生活就丰富了许多。

**UAD:对于青年街业态构成有何想法?**

**陈:**要走商业化道理,要符合市场规律,要能吸引游客,更要能留得住游客。

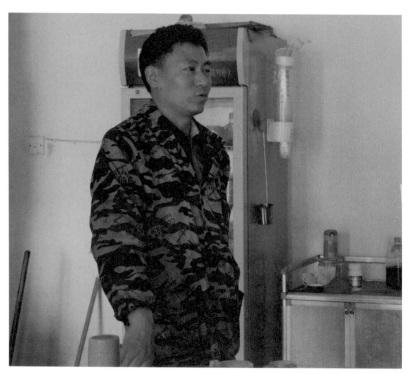

陈记打面馆老板

**打面馆老板**

枫桥孝义路陈记打面馆老板

**UAD：您是枫桥本地人吗，在这生活多久了？**

陈：我们是枫桥本地人，老家不在镇上，为了做面馆生意在孝义路上租了这个店面，面馆已经营业第五年了。

**UAD：改造后对面馆的营业带来什么样的影响？**

陈：客流量受到了一些影响，因为现在孝义路不能停车了，好几次了客人看到这里有个打面馆，想停下车来吃面，但后面交警喇叭直按，他们就走了。而且以前孝义路入口有个小菜市场，附近的人都来买菜，面馆生意也好点。不过现在来古镇的游客慢慢变多，面馆里会经常来一些外地人，相信以后我们面馆的生意也会越来越好。

**UAD：现在生活在孝义路有什么感受？**

陈：孝义路改造完后漂亮了很多，晚上看看灯光夜景是很美的，心情能够变好。像绿化、电线等本来整条孝义路没有专门的人去打理，路面垃圾也很混乱，现在整条路都很干净，大家还会在门口种种植物，生活环境变好了很多！

# 大事记

## 枫桥工程录

**2015**
- 十月　枫桥镇政府邀请浙江大学建筑设计研究院建筑九院参与『枫桥镇小城镇更新』项目
- 十二月　双方合作编制完成《枫桥镇现代古镇』发展策划》

**2016**
- 三月　青年街样板房作为枫桥小城镇更新的首个项目动工
- 四月　绍大线环境提升工程一期动工镇现
- 四月　双方合作编制完成《诸暨市枫桥代古镇『十三五』发展规划》
- 五月　编制完成《枫桥古镇改造提升工程(一期)可行性研究报告》
- 六月　沿江建筑立面提升工程动工
- 七月　青年街样板房竣工
- 九月　孝义路A段建筑立面修缮工程动工
- 十月　孝义路A段建筑立面修缮工程竣工
- 十二月　绍大线环境提升工程一期初步完成竣工

**2017**
- 五月　和平路动工
- 十月　改造完成的孝义路迎来了第二家咖啡店开业
- 十一月　桥上街动工

**2018**
- 一月　枫溪路建筑动工
- 二月　枫桥经验陈列馆动工
- 三月　和平路竣工

## 小镇大事记

**2016**
- 十月　全国特色小城镇建设经验交流会组织来枫桥古镇参观

**2018**
- 四月　枫桥镇成为省级小城镇环境综合整治『规划样板』

**2018　2019　2020**

十二月　枫桥学院即将主体竣工

七月　枫桥三贤文化馆设计启动

四月　越中书局入驻青年街36号，重现越中之冠藏书楼风采

一月　紫薇山保护规划启动光大集团文旅开发项目启动

---

十一月　枫溪路建筑竣工

十月　《枫桥往事》开机

七月　钟瑛路竣工

六月　天竺路竣工

五月　枫溪路村民活动中心动工

一月　沿江建筑立面提升工程竣工

---

三月　绍大线环境提升工程二期动工

四月　天竺路动工

四月　编制完成《枫桥古镇改造提升工程（二期）可行性研究报告》

七月　桥上街竣工

八月　钟瑛路动工

九月　枫桥学院奠基仪式

十一月　枫桥经验陈列馆竣工

十二月　绍大线环境提升工程二期初步竣工

---

持续更新中……

特别提名奖

七月　枫桥古镇更新荣获2020第8届美国Architizer A+ Awards

---

建筑设计一等奖

十一月　枫桥古镇更新荣获2019年度行业优秀勘察设计奖优秀传统

十月　《枫桥经验》写入《新中国人权事业发展70年》白皮书

九月　枫桥古镇更新荣获2019AMP大奖

七月　枫桥古镇更新荣获教育部2019年度优秀勘察设计奖优秀传

七月　杭州日报刊登《绍兴持续打造『枫桥经验』全国样板》

四月　枫桥被评为第七批中国历史文化名镇

---

金档连续播出

十一月　五集电视政论片《坚持发展『枫桥经验』》在CCTV-1黄

十一月　《《枫桥经验》为何历久弥新》报道『登陆』人民日报头版

十月　55周年『枫桥经验』纪念大会胜利召开

十月　圆满举行彩仙桥落成仪式

二月　枫桥举行首届台阁市年俗文化节

# 参与者

| | |
|---|---|
| 设计单位 | 浙江大学建筑设计研究院有限公司 |

设计顾问：
徐雷　浙江大学教授、博士生导师
董丹申　浙江大学建筑设计研究院有限公司董事长兼首席总建筑师

设计总负责人：
莫洲瑾　浙江大学建筑设计研究院总经理助理、小城镇研究中心总监
曹震宇　浙江大学建筑学系讲师

工程负责人：王玉平

建筑：郭丽栋、杨建祥、曲劼、陆钊扬、孙云佳、夏彬滔、于文津、倪晶衡、严加隽、
　　　蔡立行、江哲麟、翁智伟、王方明
景观：汤泽荣、吴维凌、孙洞明、楼炫炭、王洁涛、吴敌、朱靖、张雨晨、敖丹丹、
　　　王子月
结构：金振奋、吴强、李少华、张力、张沈斌、戎子涵
市政：杨华展、周华、楼丹阳
给水排水：易家松、邓倩、张振宇
电气：吴旭辉、侯宇辉、冯百乐、杜枝枝、杨欣
暖通：王亚林、潘大红、马燕宾、易凯
幕墙：陶善钧、洪抄、陈栋、章洁、王建忠
装饰：楚冉、孔祥
智能化：马健、林敏俊
泛光：王小冬、孙国军、杨银灿、杨欣
岩土：陈赟、杨勤锋、周群建
可行性研究：姚黎明
建筑经济：孙文通、王云峰、孟睿覃、张瑛、吴佳莉、帅朝晖

结构检测单位　　　　　浙江大学土木工程测试中心

　　　　　　　　　　　结构检测：王柏生、庞苗、孙锡锋

施工单位　　　　　　　浙江铭丰建设有限公司（天竺路）
（按首字母大小排列）　浙江省东海建设有限公司（孝义路 B 段）
　　　　　　　　　　　浙江金诺市政园林有限公司（孝义路 A 段）
　　　　　　　　　　　浙江双林古建有限公司（样板房、沿江、和平路、青年街）
　　　　　　　　　　　中钜建设集团有限公司（孝义路 C 段）
　　　　　　　　　　　诸暨暨东建设工程有限公司（枫桥经验陈列馆）

业主单位　　　　　　　浙江省诸暨市枫桥镇人民政府
　　　　　　　　　　　诸暨市城市建设投资发展有限公司

# 在现场

# 后记

　　二〇一五年岁末，与吾师徐雷与原诸暨市规划局副局长陈迪会于西施故里，言及枫桥之事，开启了这五年枫桥更新之实践，至今恍若昨日。五年来与团队在枫桥调研考据、走街串巷、探幽访古，与鸿儒谈宏伟蓝图于高堂，与乡亲聊家长里短于陋舍，与工匠学木石手艺于工地……其间有翻天覆地之心情激荡，也有细致入微之动情感怀，更结识一批并肩战斗之好友，历历在目且念兹在兹。

　　曾经认为非考据不以成书，非明理不以成书，非教化不以成书，书乃诸多先哲、大家呕心沥血，一辈子学问之精华沉淀，能行普师教化之用，实非一日之功。我辈建筑师们平日里蒙头于工程图纸，受限于条条框框，偶有灵光乍现，也常常被俗事俗人消磨殆尽，与写书之差距言之天堑鸿沟也未为过。

　　《楞严经》卷二有云："佛告阿难：汝虽强记，但益多闻，予奢摩他，微密观照心犹未了。"吾非阿难，斯人斯事常恐淡忘于时光，诸多感悟也似乎不吐不快，我们之于枫桥之观察、体验、审视是对枫桥之观照，落于文字也是对自我之观照。观之而照却已是日常，虽欠学术之理性、意义之高远，但求记录一段阳光灿烂的日子，一群可爱朴实的朋友，一片曾经陌生而现在眷恋如故乡的土地，如能借此初探当下小城镇更新及泛建筑学实践之一斑，回归学习建筑初心，则是幸甚至哉，遂有成一本小书之想。

　　可惜岁月蹉跎，红尘纷扰，写书之事二〇一九年年初提起，直至年末才列了提纲，开了个"编辑部"小会视为启动。可曾想意外突发而至，二〇二〇年的春节，是值得铭记的特殊日子，新型冠疫情突发，一方面心系时艰，一方面也给了我们"编辑部"难得的时间用于观照枫桥、观照内心。也谨以本书的成稿，来纪念今年这个难忘的春天。

感谢信任我们设计团队的诸暨市及枫桥镇人民政府，使我们"自作主张"地为枫桥定制的《枫桥镇"现代古镇"发展策划》内容得以实现。感谢时任省、市、镇各级领导，作为项目的决策方代表，每次现场考察与会议指导都成为枫桥古镇更新的原动力：原浙江省委书记夏宝龙书记，现绍兴市委马卫光书记，原诸暨市委张晓强书记，原诸暨市王芬祥市长，原诸暨市政法委孙君书记等省市相关领导，原镇党委赵文中书记，原镇党委金均海书记，现镇党委黄茹书记，原枫桥镇郭昌镇长，原枫桥镇袁新江镇长，现枫桥镇黄伟刚镇长，原镇党委柴锦副书记，原镇政法委蔡天军书记，现枫桥镇钟少君副镇长等镇领导；感谢诸暨市政法委陈善平主任、董光泽主任给予"枫桥经验"理论指导；感谢具体项目管理者周小海主任、陈招英主任、蔡炬桦主任，以专业的技术知识和饱满的工作热情，在项目协调推进的过程中给予了我们很大的帮助；也离不开吴建云、周关穆、徐龙新、魏建根、余颂英等同志长期的政策处理支持；还要感谢参与古镇更新工程的施工单位，克服了情况复杂、工期紧张等困难，竭尽全力实现了设计的落地；还要感谢枫桥乡贤会和枫桥三贤文化研究会，凝聚了枫桥乡贤的力量，为古镇更新工作出谋划策。

在专业领域内，首先感谢尊敬的徐雷教授、董丹申教授、曹震宇老师，给予我们思想的启迪，技术的指导。非常感谢王建国院士对项目的关心与支持，给予了我们后辈很多勉励。感谢建筑专业、景观专业、结构专业、市政专业、给排水专业、电气专业、暖通专业、幕墙专业、装饰专业、智能化专业、泛光专业、岩土专业、可行性研究专业及建筑经济专业等各位同事的通力合作，也感谢参与本项目的浙江大学和浙江理工大学同学们的辛勤的付出，让我们深切体会到了设计团队协作的重要性。

在成书阶段，非常感谢帮助沟通出版相关事宜的我院品牌部主任李丛笑，以及为我们定格了许多枫桥古镇美好瞬间的摄影师赵强、山嵩、贾方。感谢参与本书资料收集、文字撰写，以及负责组织、排版、校对、制图的曲劼、陈黎萍、郭丽栋、孙洞明、杨建祥、夏彬滔、陆钊扬、蔡立行、孙云佳、于文津，投入了许多精力，为本书的成稿做出重要贡献。

感谢中国建筑出版传媒有限公司（中国建筑工业出版社）对本书出版的大力支持。也感谢为本书出版提供资金资助的浙江大学平衡建筑研究中心。

　　而今枫桥更新成效初显，二〇一五年于策划中妄提的"宏伟目标"也实现大半，枫桥古镇荣登全国历史文化名镇之列，五十五周年"枫桥经验"纪念大会胜利召开……大事件的背后，最为欣喜的是我常常能看到和听到，星星点点的生气在增长：孝义路上新开了一家文艺感十足的咖啡店，青年老街搬来了一家文创工坊，枫桥美术馆民俗艺术展要筹备了，《枫桥往事》要重拍了，游客来了五显桥头的小店最近生意好了很多，大庙前的票友小队今天新加入一位唱腔不错的老生……

　　"这是一个没有终点的项目"，突然想起开始之初徐雷老师的话，很适合作为本书的结尾，也希望这是一本没有结尾的书。

　　感谢枫桥，并将此书献给她。

二〇二〇年八月十日于杭州海创园

图书在版编目（CIP）数据

情理之间：小城镇更新的枫桥经验 / 莫洲瑾，董丹申，
曹震宇著 . -- 北京：中国建筑工业出版社，2020.8
（走向平衡系列丛书）
ISBN 978-7-112-25330-2

Ⅰ.①情… Ⅱ.①莫… ②董… ③曹… Ⅲ.①小城镇
–城市规划–建筑设计–研究–诸暨 Ⅳ.
① TU984.255.3

中国版本图书馆 CIP 数据核字（2020）第 137441 号

本书分享了枫桥古镇更新机制的实践经验，记录了发展目标确定、项目策划、建设计划制定、各专项设计、施工服务、招商运营的古镇更新全过程，将情怀、理想、诗意、感性的追求与循理的分析整合、功能需求和社会责任趋向一体状态。该工程有别于以往的传统规划和设计体系，希望通过本书可以为浙江省乃至全国的小城镇更新机制探索提供新的思路，创造出属于小城镇更新的"枫桥经验"。本书可供城市管理工作者、研究人员参考，也可作为高等院校建筑学、城市规划、环境景观等专业师生的参考用书。

文字资料：曲 劼 郭丽栋 孙洞明 杨建祥 夏彬滔 陆钊扬 蔡立行 孙云佳 于文津 陈黎萍
插 图：陆钊扬 蔡立行 曲 劼 陈黎萍 楼炫炭 伊曦煜
摄 影：赵 强 山 嵩 贾 方 陆钊扬
装帧设计：陈黎萍
排版设计：陈黎萍

责任编辑：唐 旭 吴 绫
文字编辑：李东禧 孙 硕
责任校对：李美娜

走向平衡系列丛书

情理之间 小城镇更新的枫桥经验
莫洲瑾 董丹申 曹震宇 著
*
中国建筑工业出版社出版、发行（北京海淀三里河路 9 号）
各地新华书店、建筑书店经销
北京雅昌艺术印刷有限公司印刷
*
开本：880×1230 毫米 1/16 印张：23¹⁄₂ 字数：345 千字
2020 年 9 月第一版 2020 年 9 月第一次印刷
定价：258.00 元
ISBN 978-7-112-25330 - 2
（36313）